KB275584

오무오무 五_미 五_미
착한 베이킹

TAMAGO, GYUNU, SHIROZATO, KOMUGIKO, NASI. DEMO 「CHANTO OISHII」
SHIAWASE OKASHI by Toshiko Okamura
Produced & edited : SOYUSHA
Photographer : Akira Ozawa
Chief researcher : Yuuki Kondo
Editorial staff : Chiaki Tama, Kengo Ogawa, Chiaki Maruyama, Ju Kyoung Kim, Tomomi Sato
Designer : Yukie Kamauchi, Ayako Tobioka(GRID)

오무오무 五無五無 착한 베이킹

오카무라 요시코 지음 | 박진희 옮김

도어북

아토피, 알레르기 걱정 없는
착한 베이킹 레시피

최근 들어 특정 식품이 체질적으로 맞지 않는 분, 특히 식품 알레르기가 있는 어린이의 수가 급격히 늘어나고 있습니다. 건강을 위해 동물성 식품 등을 삼가는 분도 많아졌고요. 제가 운영하고 있는 '작은 디저트 교실'에서도 제한 식품에 대해 상담을 받는 일이 빈번합니다. 포식의 시대를 넘어, 이제는 '안심하고 먹을 수 있는 건강한 먹을거리'가 주목을 받고 있습니다. 자신의 몸에 맞는 먹을거리를 선택하는 시대, 먹을거리에도 개성의 바람이 불고 있습니다.

새로운 먹을거리에 대한 선택의 폭이 넓어졌으면 하는 바람으로, 시행착오를 거쳐 완성된 레시피를 정리해 보았습니다. 이 책에 실린 45개의 레시피는 5대 알레르기 유발 식품인 밀가루, 백설탕, 달걀, 우유와 동물성 버터, 땅콩 등의 콩 제품을 사용하지 않고 만든 것들입니다. 굽기만 하면 되는 초간단 케이크와 작은 쿠키부터 오븐을 사용하지 않고 만드는 간식과 후식, 깔끔한 디저트, 제과점 케이크가 부럽지 않게 시간과 정성을 들여 근사하게 구워낸 케이크에 이르기까지 여섯 개 장으로 나누어 소개합니다.

밀가루와 달걀, 유제품 등을 사용하지 않고 만든 레시피라고 하니까, 건강에는 좋을지 몰라도 딱딱하고 맛은 없을 것 같은 이미지가 먼저 떠오르시나요? 입안에서 사르르 녹는 달콤한 쿠키와 케이크는 정말 포기해야 하는 걸까요? 절대 그렇지 않습니다. 이 책에서는 무엇보다 '맛있는 레시피'라는 원점에 서서 '맛'에 충실한 레시피를 선보입니다. 또한 집에서도 쉽게 만들 수 있어야 한다는 것, 선물 받았을 때 기쁨을 주는 레시피를 목표로 삼았습니다.

이 책에 나오는 레시피는 밀가루나 버터가 듬뿍 든 쿠키와 케이크에 길들여져 있는 분이라도 위화감 없이 드실 수 있는 것들입니다. 아마도 시식을 해보시면 "이게 밀가루가 아니라고?", "버터가 안 들어간 거 맞아?", "이런 쿠키를 만드는 방법이 있었구나!" 하며, 신선한 놀라움을 맛보게 될 것입니다. 특히 아토피나 알레르기 때문에 고생하는 가정에 이 책이 조금이나마 즐거움과 도움이 된다면 좋겠습니다.

이 책이 나오기까지 귀중한 의견과 아이디어를 주신 '작은 디저트 교실'의 학생들, 시식에 도움을 주신 아들의 유치원 학부형들과 선생님, 신선하고 맛있는 과일을 제공해 주신 '사토농장', 촬영에 도움을 주신 '가르디어 모임' 여러분, 그리고 항상 제 마음의 버팀목이 되어준 벗들과 가족에게 이 자리를 빌려 감사의 마음을 전합니다.

– 오카무라 요시코

머리말 ... 4

오무오무五無五無 베이킹,
아토피 · 알레르기 없어서 참 착해요~ ... 10

알레르기 없는 베이킹을 위한 기본재료 ... 14

이 책에서 사용하는 도구 및 계량법 ... 16

Part

1 초보자도 쉽게 만드는 초간단 케이크

사과 업사이드다운 케이크 ... 20

쇼콜라 베리 케이크 ... 22

단호박 스퀘어 케이크 ... 24

브라우니 ... 26

당근 케이크 ... 28

쇼콜라 코코넛 파운드 ... 30

녹차 단밤 케이크 ... 32

스틱 가토 쇼콜라 ... 34

Part 2 입과 몸이 모두 좋아하는 소프트 쿠키

38	오렌지 피낭시에
40	코코넛 타르트
42	너트 가토
44	스위트 포테이토 쿠키
46	스위트 펌프킨 쿠키
48	바나나 머핀
50	잣 옥수수빵
52	프룬 케이크

Part 3 고급스러운 식감의 작은 쿠키

코코넛 볼 쿠키	56
참깨 스틱쿠키	58
시리얼 크런치	60
모양 쿠키(2가지)	62
너트 쿠키(3가지)	64
고구마 에너지 바	66
단호박 쿠키	68
아몬드 코코넛 튀일	70

Part 4 깔끔하게 마무리하는 시원한 디저트

무화과 셔벗 74

블루베리 클라푸티 76

꽁꽁 과일 디저트 78

벌꿀 라임&레몬주스 80

유자 셔벗 82

단감 젤리 84

프룬을 넣어 구운 사과 86

Part 5 오븐 없이 만드는 간식과 후식

90 당근 찜케이크

92 단호박 와플

94 바나나 팬케이크

96 캐러멜 너트 바

98 추로스

100 옥수수 찐빵

102 아몬드 드라제

Part

6 제과점 스타일로 만든 특별한 케이크

몽블랑	106
무화과&사과 크럼블 케이크	108
망고 케이크	110
서양배&살구 케이크	112
무화과 타르트	114
오렌지 케이크	116
초콜릿 케이크	118

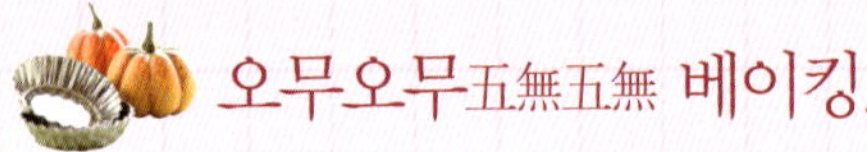

오무오무五無五無 베이킹,
아토피 · 알레르기 없어서 참 착해요~

『오무오무 착한 베이킹』의 레시피에는 밀가루, 설탕, 달걀, 우유와 버터, 땅콩 등의 콩류가 들어 있지 않습니다. 이들 식품은 소화불량, 아토피성 피부염 등의 알레르기 반응을 일으키고 심지어 호흡곤란을 야기해 생명을 위협하기도 합니다. 때문에 빵이나 쿠키처럼 예쁘고 맛있는 음식을 포기해야 하는 사람이 많습니다. 특히 어린이들에게 맛있는 빵이나 쿠키를 금지하는 것은 정말 안타까운 일이지요. 하지만 생각을 조금만 바꾸면 이들 식품 없이도 얼마든지 맛있는 빵과 쿠키를 만들 수 있답니다.

• 알레르기의 주범이 빵과 쿠키?

식품 중의 성분이 항원이 되어 발병하는 알레르기 반응을 식품 알레르기라고 합니다. 식품 알레르기를 일으키는 성분은 대부분 단백질이죠. 하지만 전분이나 지방도 알레르기를 불러일으킬 수 있어 주의가 필요하답니다.

알레르기를 일으키는 식품은 매우 다양합니다. 50가지도 넘죠. 하지만 알레르기 때문에 고생하는 사람의 90%가 밀, 달걀, 우유, 땅콩, 콩류, 견과류, 새우나 게 등의 갑각류, 조개류, 생선 등의 식품에 반응한다고 합니다. 이중 상당수가 베이킹에 자주 쓰이는 식품이죠. 우리가 '아토피 · 알레르기 없는 착한 베이킹'에 주목하는 이유는 바로 여기에 있습니다.

• 無! 밀가루 · 메밀가루 ⋯▸ 쌀가루 · 녹말가루

밀가루에서 알레르기를 일으키는 주범은 글루텐! 글루텐은 천연단백질 성분 가운데 하나로, 주로 보리나 밀 등의 곡류에 들어 있습니다. 글루텐에 대한 항체를 보유하고 있는 사람이 밀, 밀가루, 맥아, 소

맥, 소맥분, 밀기울, 변성전분, 전립분, 박력분 등을 섭취하면 피부, 신경계, 면역계, 체력, 관절, 치아에 악영향을 미칠 수 있습니다. 특히 글루텐 불내증에 걸리면 설사, 복통, 변비, 복부팽만 등 소화기능 장애를 일으키기도 하죠.

메밀 알레르기는 우리나라와 일본에서 흔히 나타나며, 흔치 않은 편이지만 일단 증세가 나타나면 순식간에 위험한 상황에 이를 수 있기 때문에 주의해야 합니다.

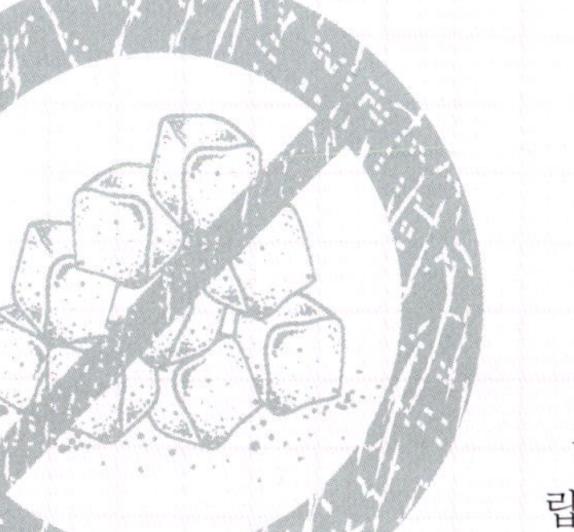

• 無! 백설탕 ···› 사탕수수설탕

백설탕은 밀가루, 소금 등과 더불어 피해야 할 3백(三白) 식품으로 꼽힙니다. 백설탕은 정제과정에서 영양소가 모두 파괴되고 단맛만 남아 있는 조미료의 일종입니다. 백설탕 속에 들어 있는 수크로오스 성분은 단순 탄수화물로, 섭취와 동시에 소화가 되어 혈당을 급격하게 끌어올립니다. 혈당이 올라가면 우리 몸은 인슐린이라는 호르몬을 분비하는데, 인슐린의 활동이 왕성해지면 그 반작용으로 급격한 저혈당을 불러와 허기, 피로감, 우울한 기분 등을 유발합니다. 그러면 다시 당 섭취를 원하게 되는 설탕중독에 걸릴 수 있습니다. 뿐만 아니라 백설탕은 지방저장효소를 활성화해 체지방량을 증가시켜 비만을 유발합니다. 백설탕은 알레르기 정도가 아니라 질병을 유발하는 식품이므로 철저하게 제한하는 것이 좋습니다.

• 無! 달걀 ···› 아몬드가루 · 중조

달걀은 아토피성 피부염을 유발하는 대표적인 식품입니다. 나이가 들면서 대부분 사라지지만 영유아기 때는 매우 위험할 수 있습니다. 달걀흰자에는

20가지가 넘는 단백질이 포함되어 있는데, 이중 알부민과 오보뮤코이드라는 성분이 특히 위험합니다.

달걀 알레르기가 있으면 메추리알 같은 다른 조류의 알도 먹어서는 안 됩니다. 민감한 사람은 달걀을 조리한 조리대나 조리도구, 식기 등을 사용하는 것만으로도 입가에 발진이 돋거나 기도가 붓는 등의 알레르기 반응이 올 수 있으니 주의해야 합니다. 시중에서 판매하는 대부분의 빵과 과자에는 달걀이 들어가므로 식품을 구입할 때는 꼼꼼하게 확인하는 것이 필수입니다.

• 無! 우유와 버터 ···› 코코넛밀크 · 코코넛파인

우유에 들어 있는 단백질 중 락트글로부민, 카제인, β−락트알부민, 혈청단백질 성분 등은 알레르기를 유발하는 대표적인 성분입니다. 우유를 열처리하면 이들 알레르기성 단백질이 변성되어 어느 정도 증상이 약해지기는 하지만 극소량만 섭취해도 민감한 사람에게는 큰 문제가 될 수 있습니다. 우유 알레르기가 있는 경우 우유, 유장(whey), 건조 유고형분, 카세인, 락트알부민, 카세인나트륨, 버터, 치즈, 마가린, 커드(curds) 등의 성분이 들어간 식품은 금하는 것이 좋습니다.

• 無! 땅콩 등의 콩류 ···› 너트 · 유채씨유

땅콩은 흔히 생각하는 것과 달리 견과류가 아니라 콩과 식물입니다. 콩 알레르기는 보통 세 살이 지나면 대부분 자연치유가 되는 것으로 알려져 있습니다. 하지만 땅콩의 레시틴 성분은 독성 알레르기 유발 물질로 매우 소량에도 반응하고, 심하면 사망에 이를 수 있

습니다. 다른 식품 알레르기가 시간이 흐르면서 자연스럽게 약해지거나 사라지는 것과 달리, 땅콩 알레르기는 평생 지속되기 때문에 항상 주의를 기울여야 합니다.

- 식품위생법 및 식품의약품안전청에서 정한 **알레르기 유발 식품 13**

달걀, 우유, 땅콩, 밀, 메밀, 대두, 고등어, 새우, 게, 복숭아, 돼지고기, 토마토, 야황산류

식품위생법 및 식품의약품안전청에서는 알레르기 유발 식품 13개를 정하고, 이들 식품을 함유하고 있거나 해당 식품과 같은 제조시설에서 만들어진 제품에는 반드시 고지하도록 하고 있습니다. 식품 알레르기는 발진이나 가려움 등 가벼운 증상으로 지나갈 수도 있지만 극단적인 경우, 호흡곤란 등이 발생할 수 있으므로 항상 주의를 기울여야 합니다. 가족 중에 알레르기가 있는 분은 식품 성분표시를 꼼꼼하게 확인하는 습관을 기르도록 하세요. 특히 어린이집이나 학교에서 이루어지는 급식의 경우, 직접적인 관리에 어려움이 있기 때문에 사전에 급식교사와 충분히 얘기를 나눠서 위험한 일이 생기는 것을 방지해야 합니다.

# 알레르기 없는 베이킹을 위한 기본재료

쌀가루

　쌀가루는 멥쌀 가루를 제과용으로 미세 제분한 것을 가리키며, 밀가루의 대용품으로 주목받고 있는 식재료입니다. 쌀가루를 아몬드가루나 녹말가루와 섞어 사용하면 다양한 식감을 즐길 수 있습니다. 케이크는 부드럽고 촉촉하게 구워지고, 독특한 쫄깃함까지 느낄 수 있습니다. 쿠키에 사용하면 밀가루보다 더 바삭한 식감을 낼 수 있습니다.
　이 책에서는 '리파리누'라는 제품을 사용했지만, 그 외의 쌀가루나 화과자용 찹쌀가루도 같은 분량을 사용하면 됩니다. 다만 쌀가루는 그 종류에 따라 필요한 수분 양이 조금씩 다르기 때문에 반죽의 상태를 살피면서 적당한 점도가 되도록 수분을 조절해 주세요. 또한 쌀 알레르기인 분에게는 저알레르기 쌀(유키히카리)로 만든 쌀가루 사용을 권장합니다.

아몬드가루

아몬드는 비타민 E와 폴리페놀이 많이 함유된, 항산화작용이 높은 식재료입니다. 식이섬유도 우엉의 2배나 되며, 마그네슘이나 칼슘 같은 미네랄도 풍부해서 주목받고 있습니다. 이것을 가루 형태로 만든 아몬드가루는 케이크에는 부드러운 맛을 더하고, 쿠키에는 고소한 맛을 더합니다.
아몬드가루에는 아몬드를 껍질째 가루로 만든 것과 껍질을 벗겨서 만든 것이 있습니다. 어느 것을 사용해도 상관없습니다. 다만 슈퍼마켓 등에서 팔고 있는 것은 그 양에 비해 가격이 높으니 제과 재료 전문점에서 500g 또는 1kg 단위로 구입하는 것이 좋습니다.

중조(중탄산소다)

이 책에서는 팽창제로 중조를 사용했습니다. 중조는 케이크를 폭신하게 부풀리고, 쿠키를 바삭하게 완성시키는 역할을 해주지만, 그 특성상 독특한 쓴맛이 남을 수 있습니다. 이를 제거하기 위해 레몬과즙이나 오렌지과즙처럼 산이 강한 과즙을 함께 사용했습니다. 중조는 물에 희석해서 기포가 생긴 상태로 만들어 다른 재료에 섞으세요. 레몬과즙 대신 같은 분량의 사과식초를 사용해도 괜찮습니다.

유채씨유(카놀라오일)

　냄새가 적고 산뜻하기 때문에 디저트를 만들기에 적합한 기름입니다. 알레르기 반응을 잘 일으키지 않는 기름으로 알려져 있으며, 콩이나 쌀 알레르기가 있는 분들도 안심하고 사용할 수 있습니다. 카놀라 품종에서 채유된 카놀라오일이 일반적이지만, 유전자 조작을 하지 않은 원료로 화학약품을 사용하지 않고 압축한 기름을 사용하는 것이 이상적입니다.

사탕수수설탕

　　단맛은 디저트를 만들 때 빠질 수 없는 요소지만, 백설탕의 과잉 섭취는 체내의 영양 밸런스를 무너뜨릴 수 있으니 주의해야 합니다. 이 책에서는 비타민과 미네랄을 풍부하게 함유하고 있는 사탕수수설탕을 사용했습니다. 사탕수수설탕은 풍미가 좋고 독특한 감칠맛이 있습니다. 분말 타입을 사용해 보세요.

코코넛파인

　　코코넛파인이란 코코야자의 과즙을 건조시켜 분말로 만든 것을 말합니다. 코코넛의 달콤한 향과 섬유질의 아삭아삭한 식감을 즐길 수 있어서 빵이나 케이크 같은 디저트는 물론, 요리에도 사용할 수 있습니다.

• 다양한 식품재료 편하게 살 수 있는 웹사이트

홈베이커 www.homebaker.co.kr
베이킹용 쌀가루, 코코넛 파우더 등 제과제빵에 필요한 다양한 식재료뿐만 아니라 식자재를 고루 갖추고 있으며, Q&A게시판과 사용 후기 게시판을 통해 보다 구체적인 정보를 얻을 수 있다.

맘스오븐 www.momsoven.co.kr
주석산(머랭 안정제), 아몬드가루 등 제빵 재료 전문 쇼핑몰로 다양한 식재료뿐만 아니라 식자재를 고루 갖추고 있으며, 레시피 공간을 알차게 꾸려 놓았다.

e홈베이커리 www.ehomebakery.com
쿠키와 빵, 떡, 양갱 등 다양한 재료를 구비하고 있다. 판매하는 상품 하단에 대표 레시피를 제공하고 있어 따라 만들 수 있게 해놓았고, 구매자들이 만든 결과물과 노하우를 공유할 수 있는 공간을 마련해 놓았다.

베이스푸드 www.basefood.co.kr
각종 과일 농축액과 과일 원액 등을 판매하고 있다.

ES식품원료 www.esfood.kr
향신료, 천연색소, 농축액, 기능성 원료 등 700여 가지 식품원료를 판매한다.

웰빙바이오랜드 www.muscovado.kr
사탕수수설탕 및 오가닉 제품들을 판매한다. 무농약으로 재배한 사탕수수를 원료로 한 순수 천연 흑설탕이 인기가 높다.

유기농나라 www.organicnara.com
사탕수수설탕 등 다양한 유기농 재료를 판매하며, 유기농설탕으로 만든 시리얼과 올리고당 등도 함께 판매하고 있다.

이 책에서 사용하는 도구 및 계량법

계량저울
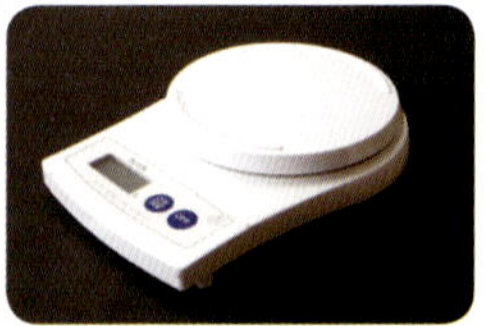
가루 종류의 무게를 잴 때 사용합니다. 볼의 무게를 빼고 잴 수 있는 디지털 타입이 편리합니다.

계량컵

액체를 계량할 때 사용합니다. 스테인리스로 만든 것은 열에 강하고, 플라스틱으로 만든 것은 안이 잘 보이는 장점이 있습니다.

계량스푼

용량이 정해진 스푼입니다. 큰 스푼은 15cc, 중간 스푼은 10cc, 작은 스푼은 5cc로 계량하는 것이 일반적입니다.

배트(넓적한 접시)

금속제의 평형 용기입니다. 반죽을 담아 두거나 자른 과일 등의 재료를 따로 담아 둘 때 사용합니다.

아이스크림 스쿱

아이스크림을 수북이 담아 올릴 때 사용하는 스테인리스로 만든 기구입니다. 모양을 동그랗게 담을 때 유용합니다.

볼

대, 중, 소 등 여러 가지 크기가 있습니다. 반죽을 만들 때 용기로 사용합니다.

고무주걱
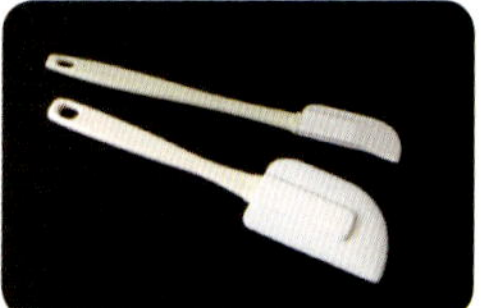
반죽을 할 때나 볼 안의 반죽을 뜰 때 사용합니다. 실리콘으로 만들어진 제품이 내열성이 있어 편리합니다.

스크래퍼

반죽을 모으거나 자르고, 평평하게 만들 때 사용합니다. 여러 가지 용도로 사용할 수 있어 아주 편리합니다.

틀(푸딩형, 젤리형 등)

재료를 식히고 굳히는 데 사용하는 틀입니다. 형태에 따라 완성된 모양이 달라지기 때문에 원하는 모양의 틀을 사용하면 됩니다.

푸드 프로세서
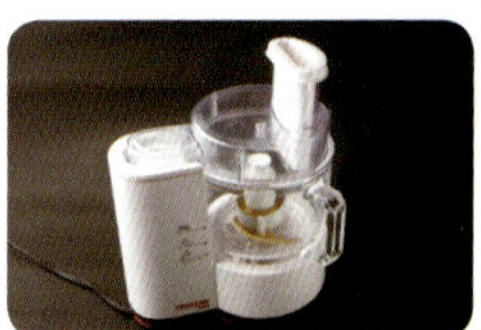
잘게 다지고 섞는 등 재료의 기본준비를 할 수 있는 조리기구입니다. 재료를 넣기만 하면 되므로 시간 단축에도 좋습니다.

믹서

재료를 뒤섞을 때 도움이 되는 조리기구입니다. 준비한 재료를 액체 상태로 만들 때 편리합니다.

체(조리)

가루 종류의 멍울 부분을 풀어내 보슬보슬하게 만들 때 사용합니다. 가는 조리를 대신 사용할 수 있습니다.

붓
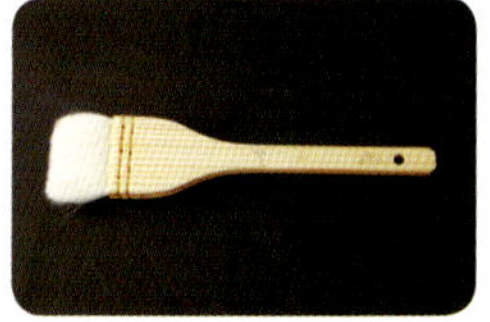
과자 표면에 먹음직스러운 색을 내기 위해서 잼을 바르거나 케이크에 시럽을 바를 때 사용합니다.

밀대

반죽을 균일하게 늘리기 위한 동그란 막대입니다. 반죽이 들러붙을 때는 가루를 뿌려가며 사용합니다.

모양 틀

작은 것은 쿠키의 모양을 내거나 장식에 필요한 모양을 낼 때, 큰 것은 핫케이크를 구울 때 사용합니다.

• 정확한 계량 노하우

이 책에서는 재료의 분량을 무게(계량저울)와 계량컵 · 계량스푼 등 두 가지로 표시했습니다. 어느 쪽이든 편리한 방법으로 계량하세요. 다만 계량컵 · 계량스푼을 사용할 경우에는 재료의 특성상 계량 방법에 따라 차이가 날 수도 있으니 주의하세요(특히 아몬드가루, 녹말가루, 옥수수가루 등). 가루 종류는 사뿐히 떠서 스푼 위로 올라오는 부분을 가볍게 손가락으로 쓸어내려 계량하세요.

계량컵 1컵=200cc | 계량스푼 1큰술=15cc | 계량스푼 1작은술=5cc

• 우리 집 오븐은 어떻게?

이 책의 레시피에 사용된 오븐은 팬이 붙어 있는 가스 오븐입니다. 각 가정의 오븐에 따라서 온도와 시간은 차이가 날 수 있으니 미세한 조정이 필요합니다. 전기 오븐이나 팬이 없는 가스 오븐의 경우는 레시피의 지정 온도와 시간으로는 색이 잘 안 나올 수가 있습니다. 그럴 때는 온도를 10℃ 정도 높여 설정하고, 중간에 구워지는 정도를 확인하면서 굽는 시간을 조절해야 합니다.

• 몰드가 없을 때는

이 책에서는 케이크를 구울 때 카눌레라는 전용 몰드를 사용했지만, 이는 두꺼운 종이(티슈 케이스를 높이 8~10cm로 자른 것)에 알루미늄 포일을 두른 것으로 대신할 수 있습니다. 물론 바닥이 있는 케이크 몰드나 파운드 몰드를 사용해도 좋습니다. 어떤 것을 사용하든 쿠킹시트를 깔면 쉽게 떼어낼 수 있어 예쁘게 완성할 수 있습니다.

반죽해서 굽기만 하면 되는 초간단 케이크.
크게 구워서 잘라 먹는, 간단한 케이크를 소개합니다.
틀에서 빼내서 원하는 모양으로 잘라 보세요.
조각 케이크나 한 입 크기로 잘라도 좋고,
사각형이나 스틱형, 파운드케이크나 카스텔라 모양도 좋아요.
예쁜 접시에 담아 포크와 함께 내거나 포장해서 선물해도 근사합니다.
완성된 케이크에서 버터로 만든 제품과는 다른,
쌀가루 특유의 촉촉함과 산뜻함을 느껴 보세요.

초보자도 쉽게 만드는
초간단 케이크

사과 업사이드다운 케이크

상큼한 사과향이 은은하게 나는 컨트리풍 케이크. 많이 달지 않아 더 좋아요! 맛있게 구워 뒤집으면
뒷면에 숨어 있던 빨간 사과가 얼굴을 내민답니다.

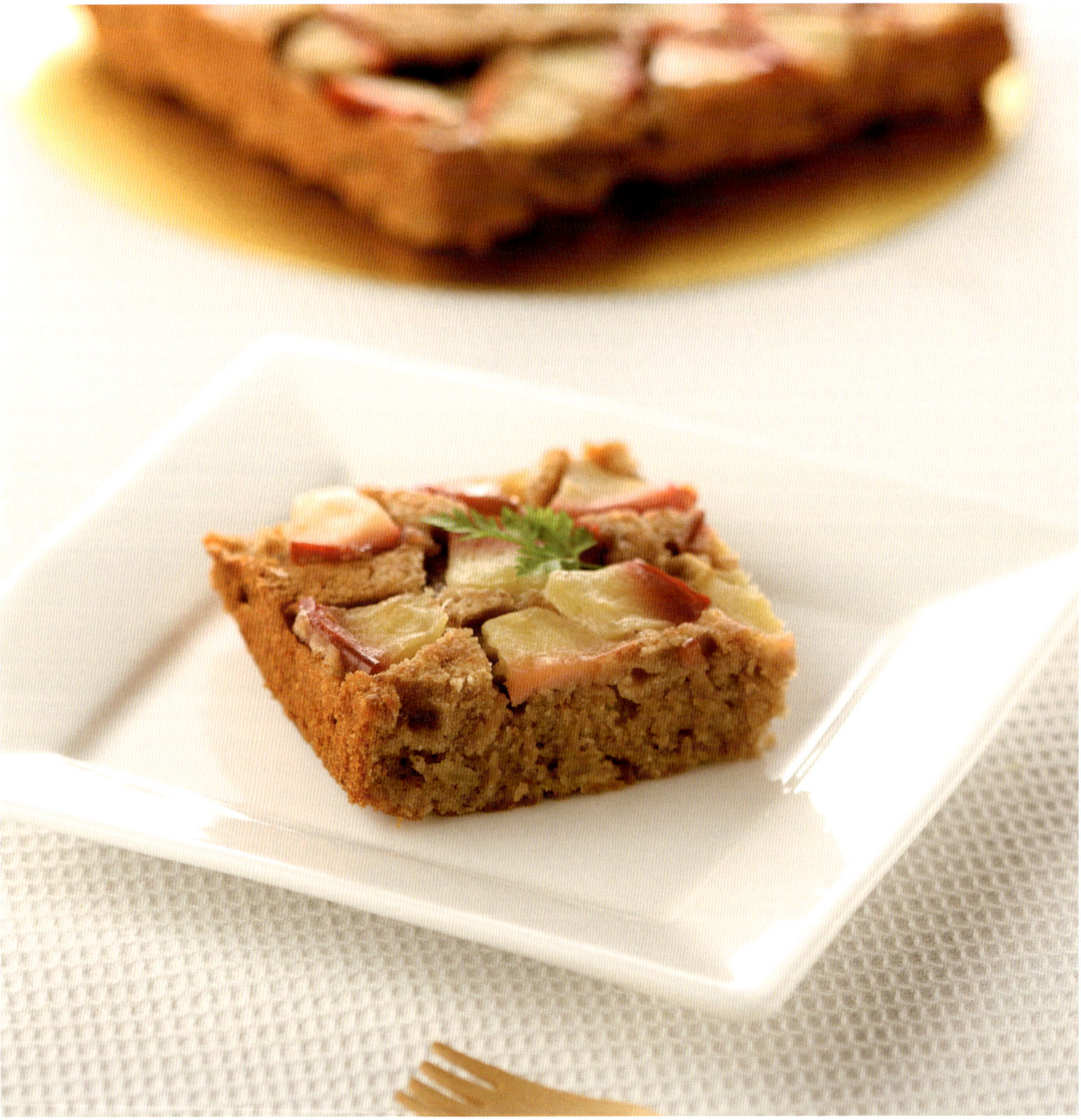

재료 | 사방 15cm 사각형

사과 … 2/3개
쌀가루 … 2/3컵(65g)
아몬드가루 … 2/3컵(55g)
사탕수수설탕 … 1/3컵(45g)
계핏가루 … 1.5작은술(3g)
사과과즙(100% 주스도 가능) … 1/4컵 (50g)
레몬과즙 … 1작은술(5g)
중조 … 1/4작은술(1.5g)
유채씨유 … 4.5큰술(45g)

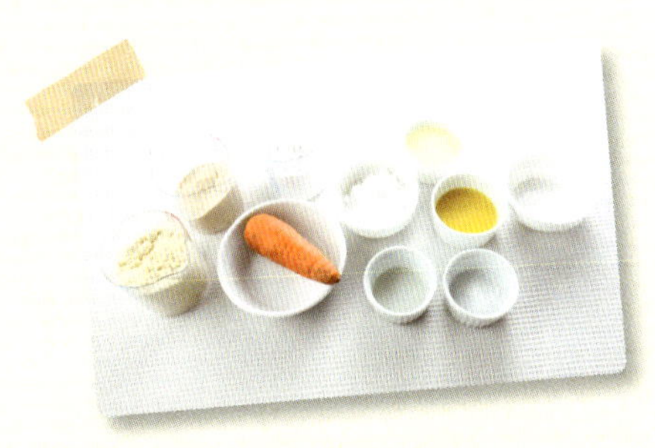

원포인트 쿠킹

반죽이 부서지기 쉬우니 완전히 굳은 다음에 자르세요. 자른 다음 위아래를 뒤집어 놓으면 잘 부서지지 않는답니다. 케이크가 완성되면 세르퓌유cerfeuil(달콤한 향이 나는 미나리과 식물)나 민트로 장식하면 더욱 좋아요~

❶ 사과는 씨를 발라내고 1/3은 껍질을 벗겨 가늘게 채를 썬다. 나머지는 껍질째 부채꼴로 얇게 저며 놓는다.

❷ 볼에 쌀가루, 아몬드가루, 사탕수수설탕, 계핏가루를 넣고 거품기로 잘 저어놓는다.

❸ 사과과즙에 중조를 녹인 뒤, 레몬과즙을 넣어 섞는다.

❹ ❷에 ❸과 유채씨유를 넣고 거품기로 잘 섞어준다.

❺ 채 썰어 놓은 사과를 ❹에 넣고 섞는다. 쿠킹시트 위에 틀을 올리고, 얇게 저민 사과를 골고루 편 뒤 반죽을 담는다.

❻ 170℃로 예열한 오븐에서 20~25분 정도 구워낸다. 다 구워지면 완전히 식힌 다음 뒤집어서 접시에 올린다.

Chocolat Berry Cake

쇼콜라 베리 케이크

코코아가루를 베이스로 으깬 블루베리를 넣어서 만드는 고급스러운 맛의 케이크입니다.
드라이 블루베리의 신맛이 부드러운 케이크에 상큼한 악센트가 됩니다.

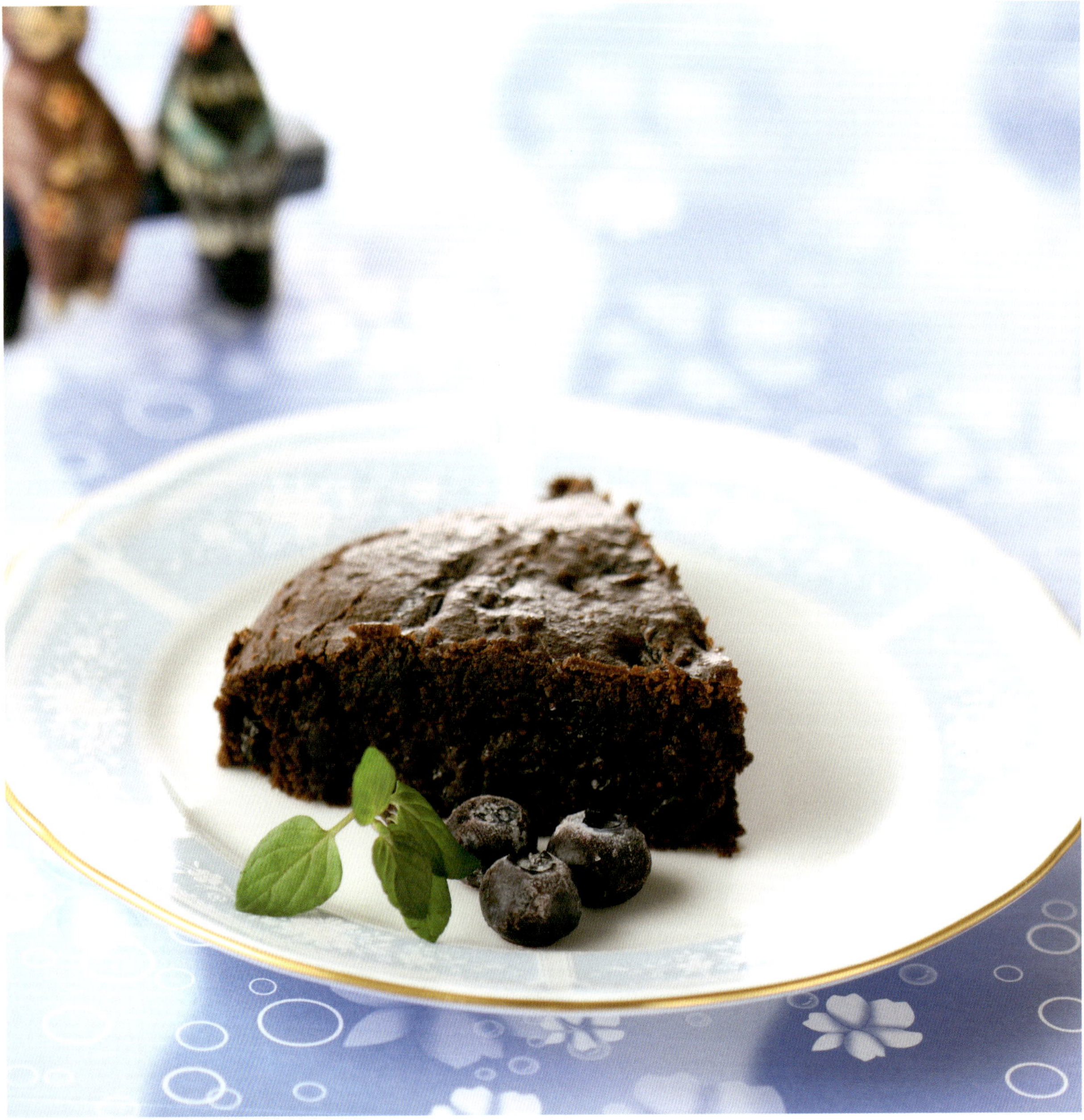

 재료 | 직경 15cm 원형

쌀가루 … 1/2컵(50g)
아몬드가루 … 1/2컵(45g)
코코아가루 … 2.5큰술(15g)
사탕수수설탕 … 4큰술(35g)
유채씨유 … 3.5큰술(35g)
레몬과즙 … 1작은술(5g)
중조 … 1/3작은술(2g)
물 … 1/2작은술(2g)
블루베리(생물 또는 냉동) … 80g
드라이 블루베리 … 30g

원포인트 쿠킹

블루베리는 완전히 으깨지 않는 게 좋
아요. 반죽 전체에 골고루 섞이면 OK!
케이크가 완성된 뒤에 기호에 따라 블
루베리나 민트로 장식해주는 센스!

❶ 드라이 블루베리는 따뜻한 물
(분량 외)에 담가 불려둔다.

❷ 볼에 쌀가루, 아몬드가루, 코
코아가루, 사탕수수설탕을 넣
고 거품기로 섞는다.

❸ 유채씨유, 블루베리를 넣는다.
블루베리를 매셔(masher : 삶은
감자 또는 채소를 으깨는 도구)로 으
깨면서 가루와 잘 섞는다.

❹ 중조를 물에 풀고 레몬과즙을
섞은 다음 ❸에 넣고, 고무주걱
으로 전체를 골고루 반죽한다.

❺ ❹에 드라이 블루베리를 섞
는다.

❻ 쿠킹시트를 깐 오븐 팬에 ❺를
담아, 170℃로 예열된 오븐에
서 20~25분 정도 구워낸다.

단호박 스퀘어 케이크

노랗게 잘 익은 단호박으로 만드는, 어른들이 더 좋아하는 담백한 맛의 건강 케이크입니다.
호박씨의 오독오독 씹히는 식감을 즐겨보세요.

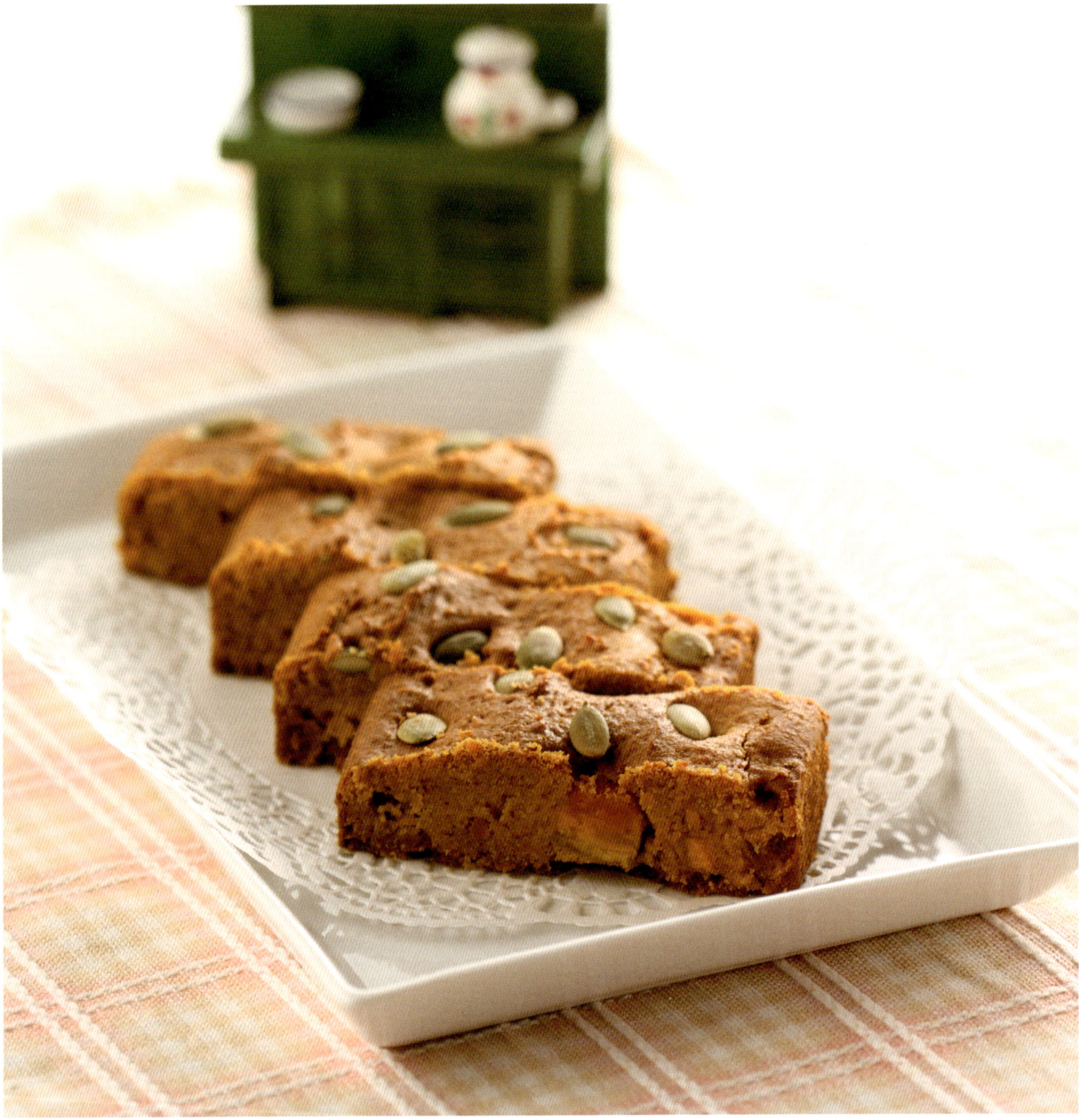

재료 | 21×8.5cm 직사각형

- 단호박(으깬 것) … 90g
- 단호박(깍둑썰기) … 40g
- 쌀가루 … 1/2컵(50g)
- 아몬드가루 … 1/3컵(30g)
- 사탕수수설탕 … 1/3컵(45g)
- 유채씨유 … 3큰술(30g)
- 중조 … 1/3작은술(2g)
- 물 … 1작은술(5g)
- 레몬과즙 … 1작은술(5g)
- 호박씨 … 적당량

원포인트 쿠킹

깍둑썰기한 호박은 껍질이 있어도 괜찮아요. 섞을 때 많이 부서지지 않도록 주의하세요.

❶ 호박은 껍질을 벗기고 무를 때까지 삶는다. 90g은 으깨고, 40g은 1cm 크기로 깍둑썰기를 해둔다.

❷ 볼에 쌀가루, 아몬드가루, 사탕수수설탕을 넣고 섞는다.

❸ ❷에 으깬 호박, 유채씨유를 넣고 반죽한다.

❹ 중조를 물에 풀고 레몬과즙을 넣은 다음 ❸에 섞고, 깍둑썰기한 호박도 함께 넣어 섞는다.

❺ 쿠킹시트를 깐 오븐 팬 위에 틀을 얹고 ❹를 고르게 붓는다. 호박씨를 표면 전체에 흩뿌린다.

❻ 170℃로 예열된 오븐에서 20~25분 정도 구워낸다. 식은 다음 먹기 좋은 크기로 자른다.

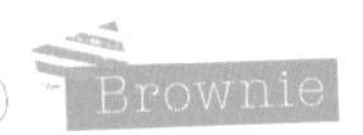

Brownie

브라우니

살짝 씁쓸한 코코아 반죽에 건포도와 호두를 잔뜩 넣어 만드는 진한 브라우니입니다.
촉촉한 브라우니 한 조각에 입안 가득 고소한 맛이 퍼집니다.

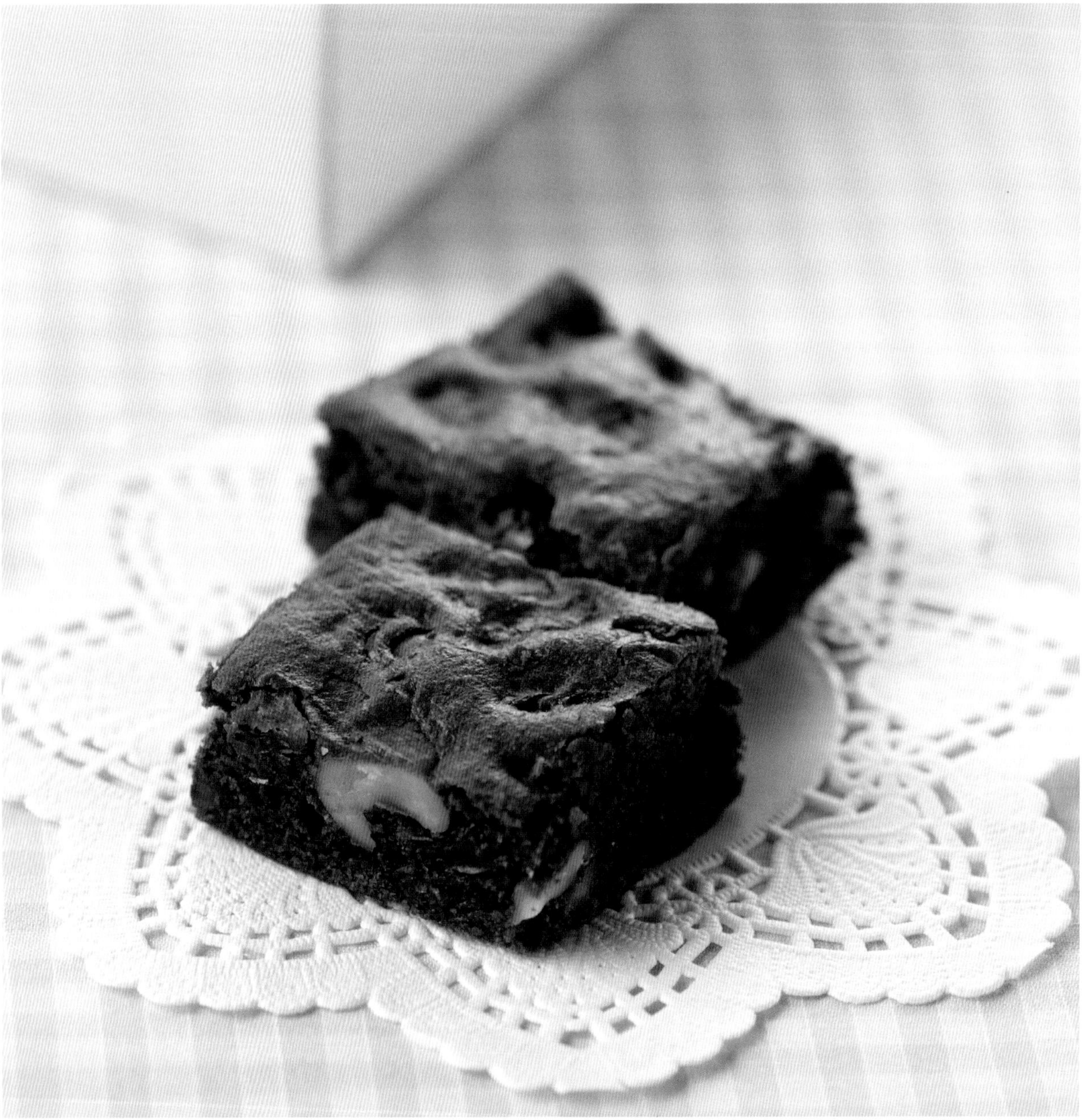

재료 | 사방 15cm 사각형

쌀가루 … 2/3컵(65g)

아몬드가루 … 1/2컵(45g)

코코아가루 … 2큰술(12g)

사탕수수설탕 … 4큰술(35g)

유채씨유 … 3큰술(30g)

사과과즙(100% 주스도 가능) … 1/4컵 (50g)

중조 … 1/4작은술(1.5g)

물 … 1/2작은술(2g)

건포도 … 30g

호두(볶은 것) … 50g

원포인트 쿠킹

자를 때는 칼을 전후로 움직이지 말고 단번에 누르듯 잘라야 표면에 균열이 생기지 않아요.

❶ 쌀가루, 아몬드가루, 코코아가루, 사탕수수설탕을 볼에 넣고 거품기로 잘 섞는다.

❷ 유채씨유, 사과과즙, 물에 탄 중조를 차례로 넣고 반죽한다.

❸ 따뜻한 물에 불린 건포도, 거칠게 부순 호두를 넣어 골고루 섞는다.

❹ 쿠킹시트 위에 틀을 놓고 ❸을 붓는다.

❺ 표면을 평평하게 고른 뒤 170℃로 예열된 오븐에서 15분 정도 구워낸다.

❻ 완전히 식으면 원하는 모양으로 자른다.

당근 케이크

예쁜 주황색 당근 하나의 영양분이 고스란히 들어 있는 촉촉한 건강 케이크입니다.
당근 특유의 향이 나지 않아 아이들도 맛있게 먹을 수 있답니다.

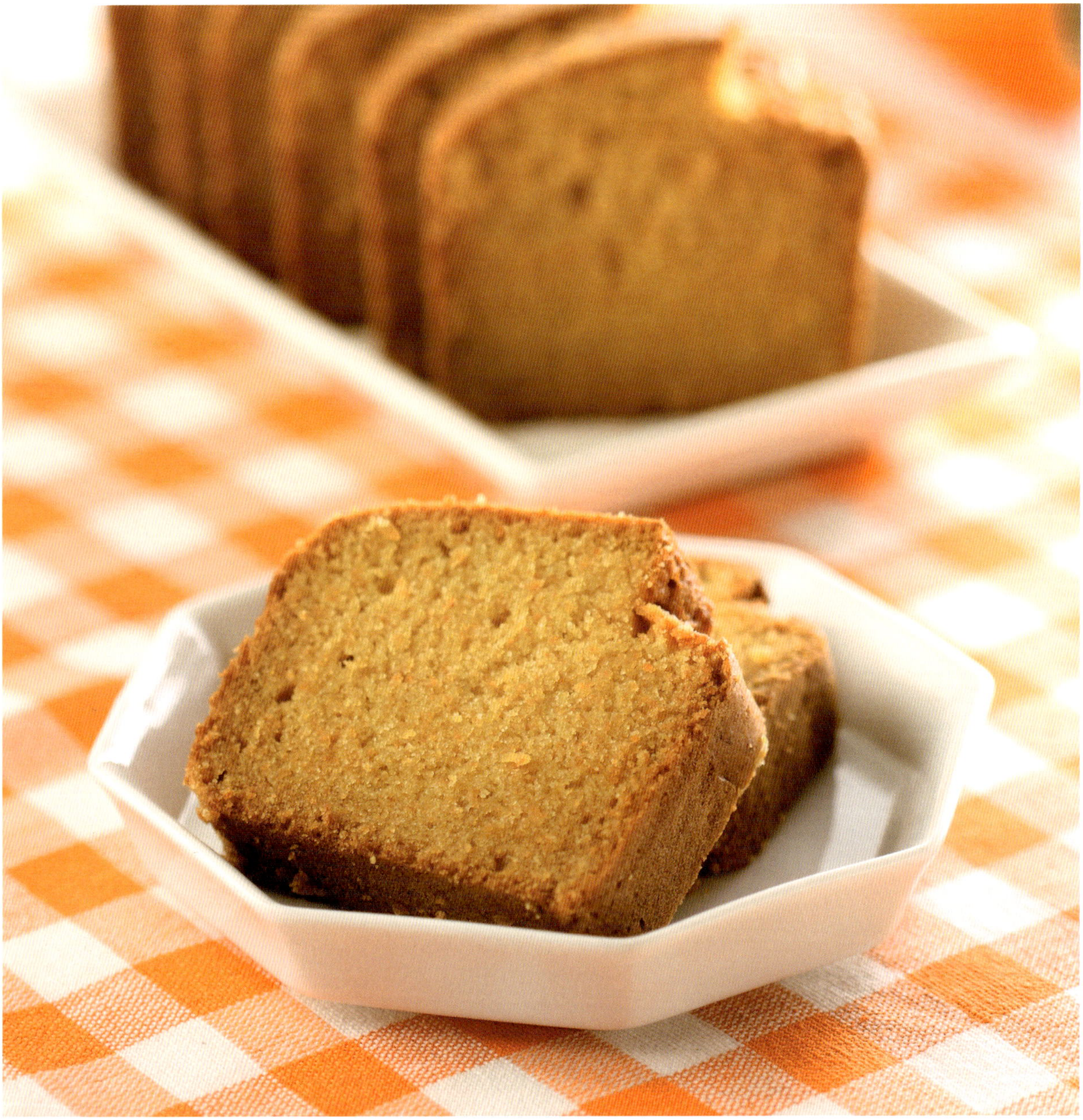

재료 | 8×18cm 파운드형

당근(생것) … 120g(작은 것 1개)
오렌지과즙(100% 주스도 가능) … 2큰술(30g)
유채씨유 … 4큰술(40g)
사탕수수설탕 … 2/3컵(95g)
쌀가루 … 1컵(100g)
녹말가루 … 3.5큰술(30g)
아몬드가루 … 1컵(85g)
중조 … 2/3작은술(4g)
물 … 1/2작은술(2g)
레몬과즙 … 1/2작은술(2g)

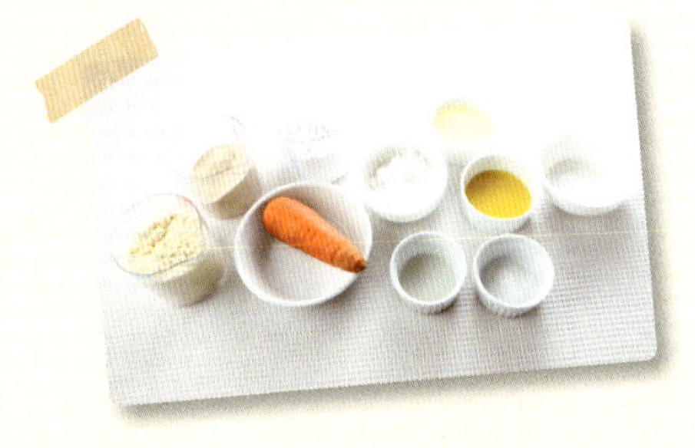

원포인트 쿠킹

완성이 되면 일단 틀에서 빼낸 뒤 다시 위에서부터 틀을 씌워 식히면 구워진 표면이 단단해져서 자르기 쉬워요. 구운 다음날 먹으면 더 촉촉하고 맛있답니다.

❶ 당근은 껍질째 깨끗이 씻어서 5mm 두께로 동그랗게 썰어놓는다.

❷ 오렌지과즙, 유채씨유, 사탕수수설탕을 푸드 프로세서에 넣고 액체 상태가 될 때까지 간다.

❸ 볼에 쌀가루, 녹말가루, 아몬드가루를 넣고 거품기로 섞는다.

❹ ❸에 ❷를 넣고 멍울이 생기지 않도록 잘 반죽한다.

❺ 중조를 물에 풀고 레몬과즙을 섞은 다음, ❹에 넣고 다시 잘 반죽한다.

❻ 쿠킹시트를 깐 파운드 틀에 붓고 160℃로 예열된 오븐에서 40~45분 정도 구워낸다(반죽 중앙에 꼬치를 찔러 보아서 아무것도 묻어 나오지 않으면 완성).

쇼콜라 코코넛 파운드

흰 눈처럼 내려앉은 향긋한 코코넛파인과 부드러운 코코넛밀크의 앙상블이 환상적인
파운드케이크입니다. 코코넛의 은은한 단맛을 느껴보세요.

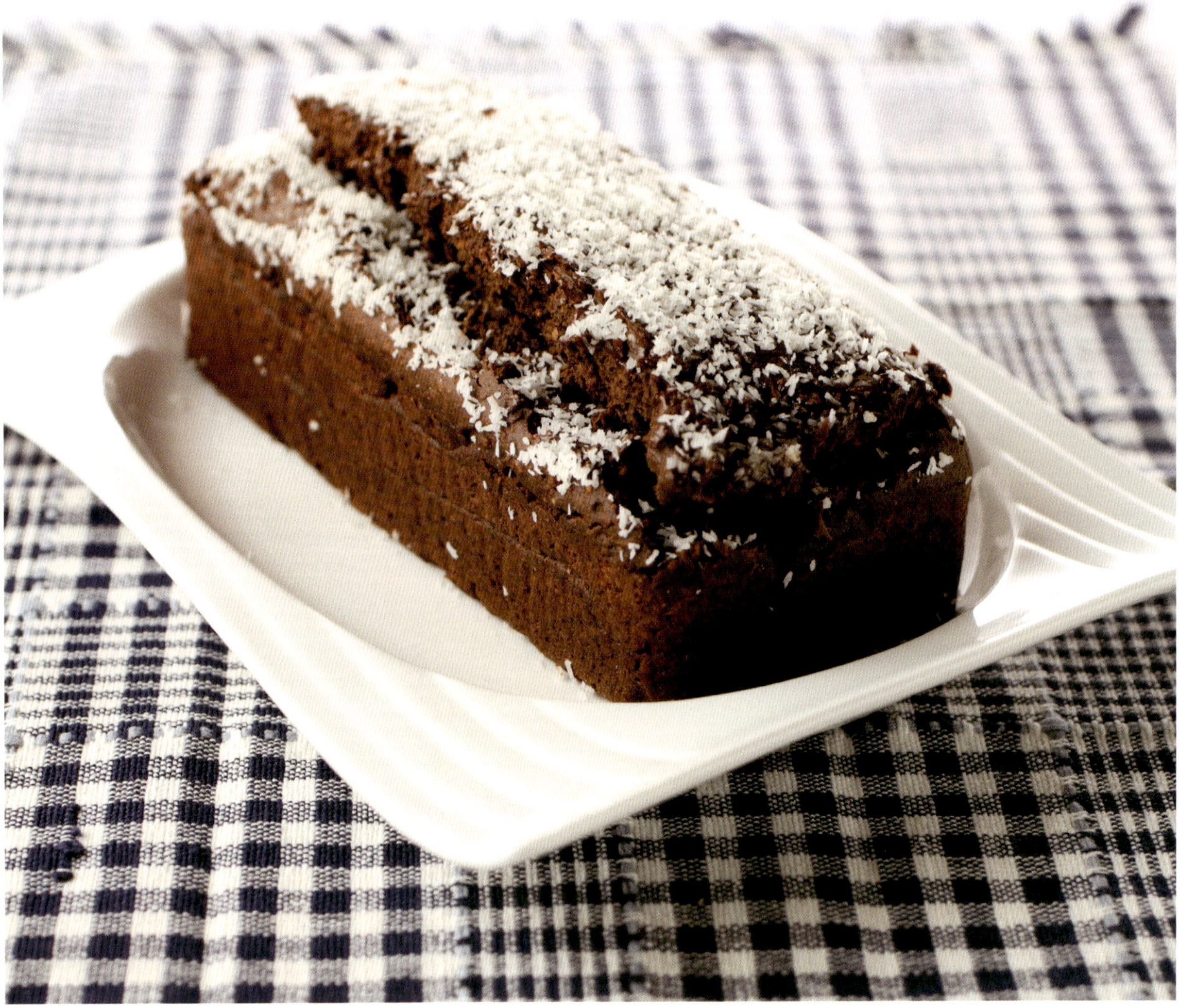

쌀가루 … 1⅓컵(135g)
아몬드가루 … 4/5컵(70g)
코코아가루 … 3큰술(20g)
사탕수수설탕 … 2/5컵(60g)
중조 … 2/3작은술(4g)
물 … 1/2작은술(2g)
레몬과즙 … 1/2작은술(2g)
유채씨유 … 5큰술(50g)
코코넛밀크 … 3/4컵(150g)
코코넛파인 … 1/2컵(50g)

앙비바쥬
사탕수수설탕 … 1큰술(10g)
물 … 1큰술(15g)

토핑
코코넛파인 … 적당량

원포인트 쿠킹

앙비바쥬(imbibage : 커피 에센스를 베이스로 한 시럽)를 바르면 표면이 촉촉해져 자르기 쉬워요. 구운 다음날 드시면 더욱 깊은 맛을 느낄 수 있답니다.

❶ 쌀가루, 아몬드가루, 코코아가루, 사탕수수설탕을 볼에 넣고 거품기로 섞는다.

❷ 물에 푼 중조에 레몬과즙을 섞은 다음 ❶에 넣는다.

❸ ❷에 유채씨유, 코코넛밀크를 넣고 반죽한다.

❹ 코코넛파인을 넣어 전체가 균일하게 섞일 때까지 반죽한다.

❺ 쿠킹시트를 깐 틀에 ❹를 붓고 160℃로 예열된 오븐에서 40~50분 정도 구워낸다.

❻ 다 구워지면 붓을 이용하여 사탕수수설탕과 물을 섞어 끓인 앙비바쥬를 표면에 바르고 코코넛파인을 올려 마무리한다.

Green Tea Marron Cake

녹차 단밤 케이크

팥과 단밤을 듬뿍 넣어 만든 일본식 녹차 케이크입니다. 카스텔라처럼 네모나게 잘라서 홍차 등의 음료와 함께 드시면 멋진 티타임이 완성된답니다.

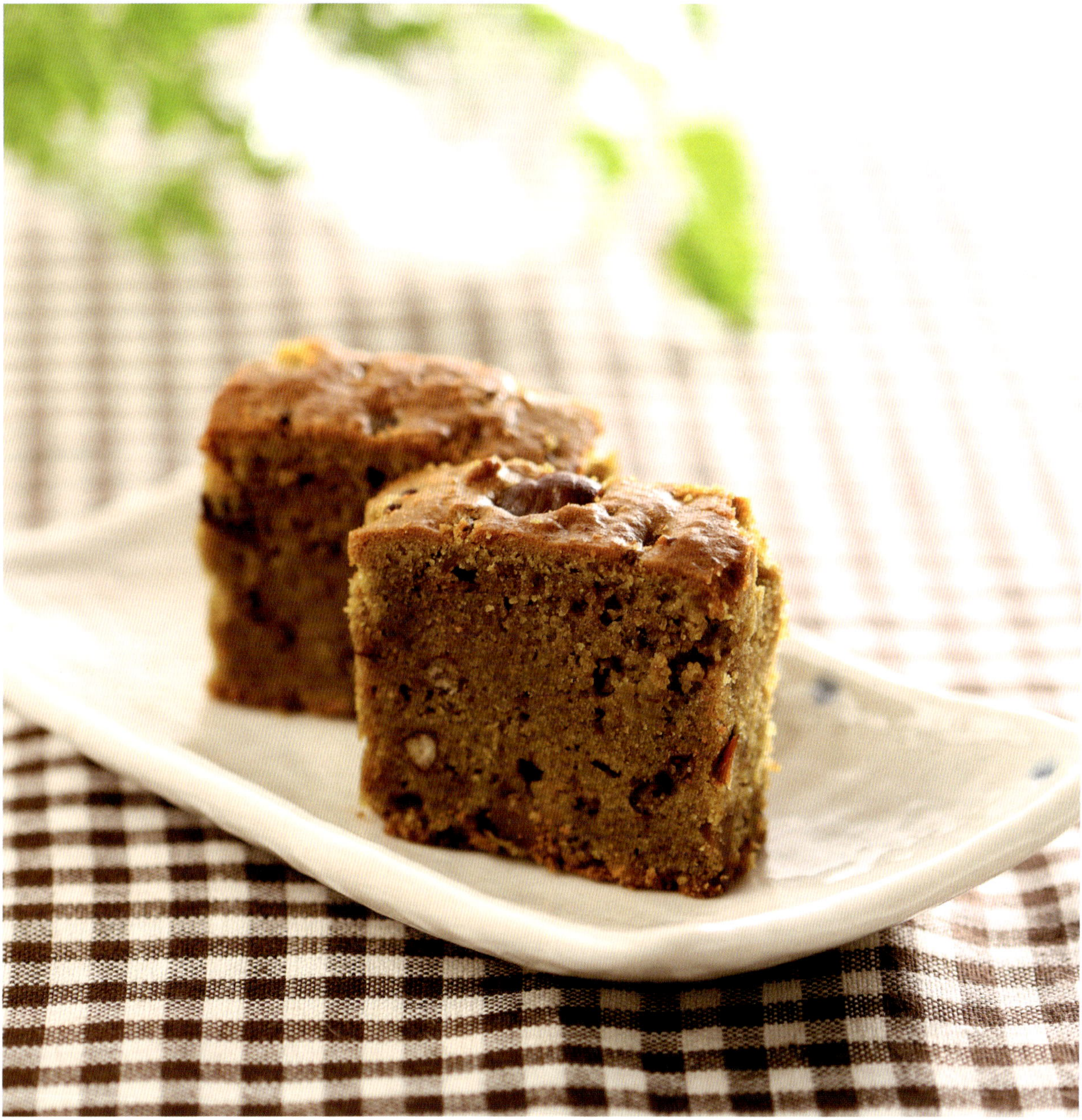

쌀가루 … 1컵(100g)
아몬드가루 … 1컵(85g)
녹말가루 … 2큰술(20g)
녹차가루 … 1작은술(2g)
사탕수수설탕 … 1/2큰술(70g)
유채씨유 … 5큰술(50g)
사과과즙(100% 주스도 가능) … 1/4컵(50g)
중조 … 1/2작은술(3g)
물 … 1작은술(5g)
삶은 팥(무당) … 100g
단밤 … 50g(약 7~8알)

❶ 쌀가루, 아몬드가루, 녹말가루, 녹차가루, 사탕수수설탕을 볼에 넣고 거품기로 잘 섞는다.

❷ 유채씨유, 사과과즙을 넣고 고무주걱으로 잘 반죽한다.

❸ 물에 녹인 중조를 넣고 다시 잘 반죽한다.

❹ 삶은 팥과 작게 자른 밤을 넣은 다음, 으깨지지 않도록 주의하면서 균일하게 섞는다.

 원포인트 쿠킹

밤은 부드러운 것으로 고르는 게 좋아요. 녹차가루는 다른 가루들과 잘 섞은 다음 수분을 넣어야 멍울 없이 반죽할 수 있답니다.

❺ 쿠킹시트를 깐 오븐 팬 위에 틀을 놓고 ❹를 부은 뒤 표면을 고른다. 170℃로 예열된 오븐에서 30분 정도 구워낸다(반죽 중앙에 꼬치를 찔러 아무것도 묻어 나오지 않으면 완성).

스틱 가토 쇼콜라

진한 코코아향이 가득한 가토 쇼콜라! 스틱 모양으로 잘라 너트로 포인트를 주고 홍차와 함께 내면
카페가 부럽지 않은 근사한 오후의 티타임이 완성된답니다.

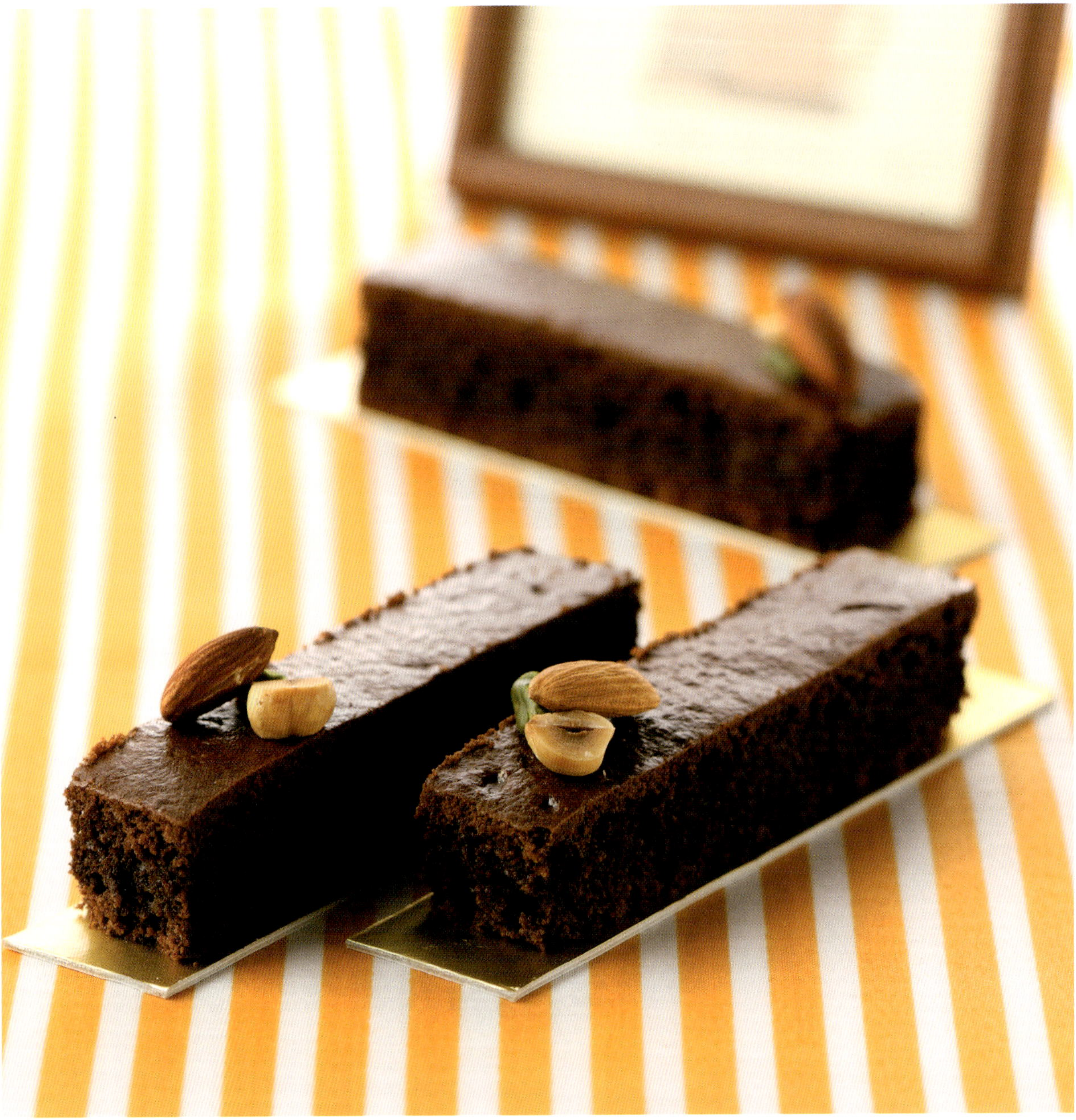

재료 | 사방 15cm 사각형

쌀가루 … 1/2컵(50g)

아몬드가루 … 1/3컵(30g)

코코아가루 … 2큰술(12g)

사탕수수설탕 … 4큰술(35g)

유채씨유 … 3.5큰술(35g)

오렌지과즙(100% 주스도 가능) … 1/4
컵(50g)

중조 … 1/4작은술(1.5g)

물 … 1작은술(5g)

토핑

좋아하는 너트 … 적당량

원포인트 쿠킹

중조 분량이 너무 많으면 반죽 표면에 균열이 생길 수 있으니 계량에 주의하세요!

❶ 쌀가루, 아몬드가루, 코코아가루, 사탕수수설탕을 볼에 넣고 거품기로 잘 섞는다.

❷ ❶에 유채씨유, 오렌지과즙을 넣고 잘 반죽한다.

❸ 물에 녹인 중조를 넣고 골고루 반죽한 다음, 쿠킹시트를 깐 틀에 붓고 표면을 고른다.

❹ 170℃로 예열된 오븐에서 약 15분 정도 구워낸다. 오븐에서 꺼내 완전히 식힌 다음 틀에서 빼낸다.

❺ 스틱 모양으로 자른 뒤 기호에 따라 너트를 토핑해서 마무리한다.

소프트 쿠키는 살짝 출출할 때 자꾸만 손이 가는 간식입니다.
따뜻한 차와 함께 한 입 베어 물면 은은한 단맛이 입안에 퍼져
아이들은 물론이고 어른들에게도 인기 만점!
식이섬유와 비타민, 철분, 미네랄이
풍부한 재료를 넉넉하게 사용해서 만든
몸에 좋은 과자 8가지를 골라 보았습니다.
컵은 재질에 상관없이 쉽게 구할 수 있는 것을 이용하세요.

입과 몸이 모두 좋아하는
소프트 쿠키

Orange Financier

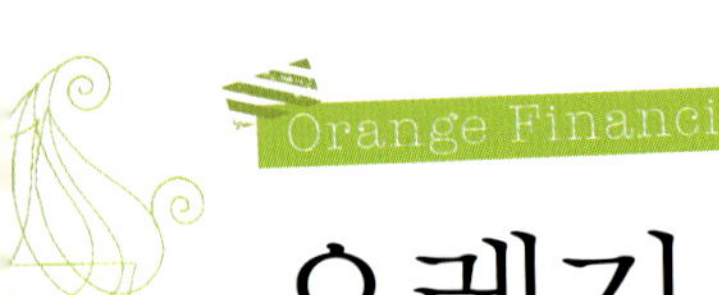

오렌지 피낭시에

금융가를 뜻하는 불어에서 유래한 단어 피낭시에. 금괴 모양으로 만드는 것이 특징이랍니다.
향기로운 벌꿀과 상큼한 오렌지를 넣어 고급스러운 맛이 납니다.

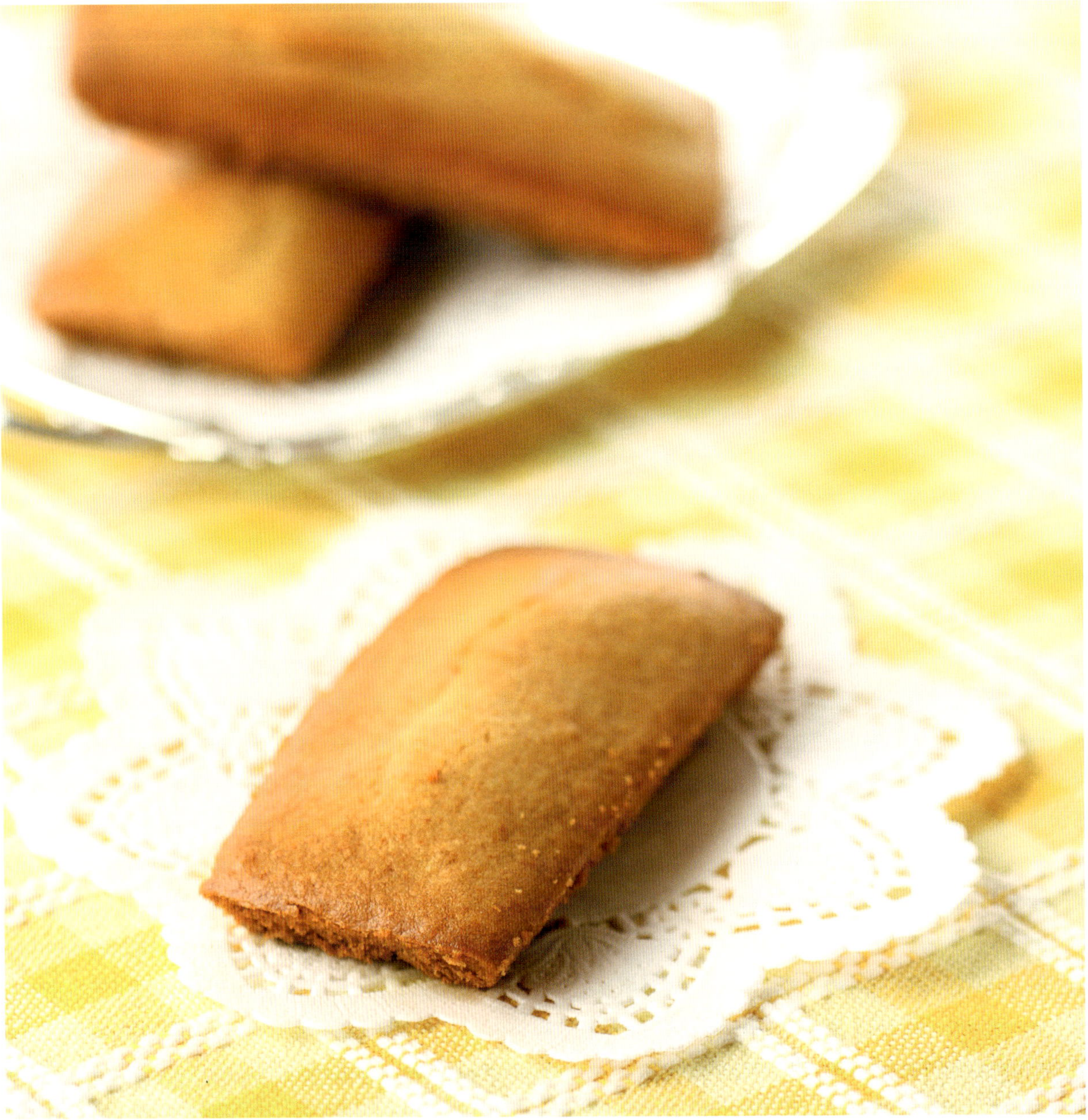

재료 | 피낭시에 6개분

쌀가루 … 2/5컵(40g)
아몬드가루 … 4/5컵(65g)
중조 … 1/3작은술(2g)
물 … 1/2작은술(2g)
오렌지과즙(100% 주스도 가능) … 3큰
술(45g)
벌꿀 … 2.5큰술(45g)
레몬과즙 … 1작은술(5g)
유채씨유 … 2.5큰술(25g)

마무리
오렌지과즙(100% 주스도 가능) … 적
당량

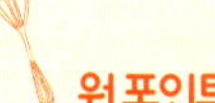

원포인트 쿠킹

벌꿀이 굳은 것 같으면 중탕을 해서 부
드럽게 만들어 두세요.
벌꿀에 민감한 영유아, 알레르기가 심한
분은 주의하세요.

❶ 볼에 쌀가루, 아몬드가루를 넣
고 가볍게 섞는다.

❷ 다른 볼에 중조를 물에 풀고
오렌지과즙, 벌꿀, 레몬과즙,
유채씨유를 차례로 넣고 거품
기로 잘 섞는다.

❸ ❶에 ❷를 넣고 잘 반죽한다.

❹ 유채씨유를 얇게 바른 틀에 반
죽을 담는다.

❺ 160℃로 예열된 오븐에서
12~15분 정도 구워낸다.

❻ 다 구워지면 틀에서 꺼낸 다
음, 아직 따뜻할 때 붓으로 표
면에 오렌지과즙을 발라서 마
무리한다.

코코넛 타르트

아삭아삭 코코넛 파인과 새콤달콤한 파인애플이 잘 어우러지는 아시안 스타일의 타르트입니다.
한 조각씩 예쁘게 포장해서 선물하기에도 그만입니다.

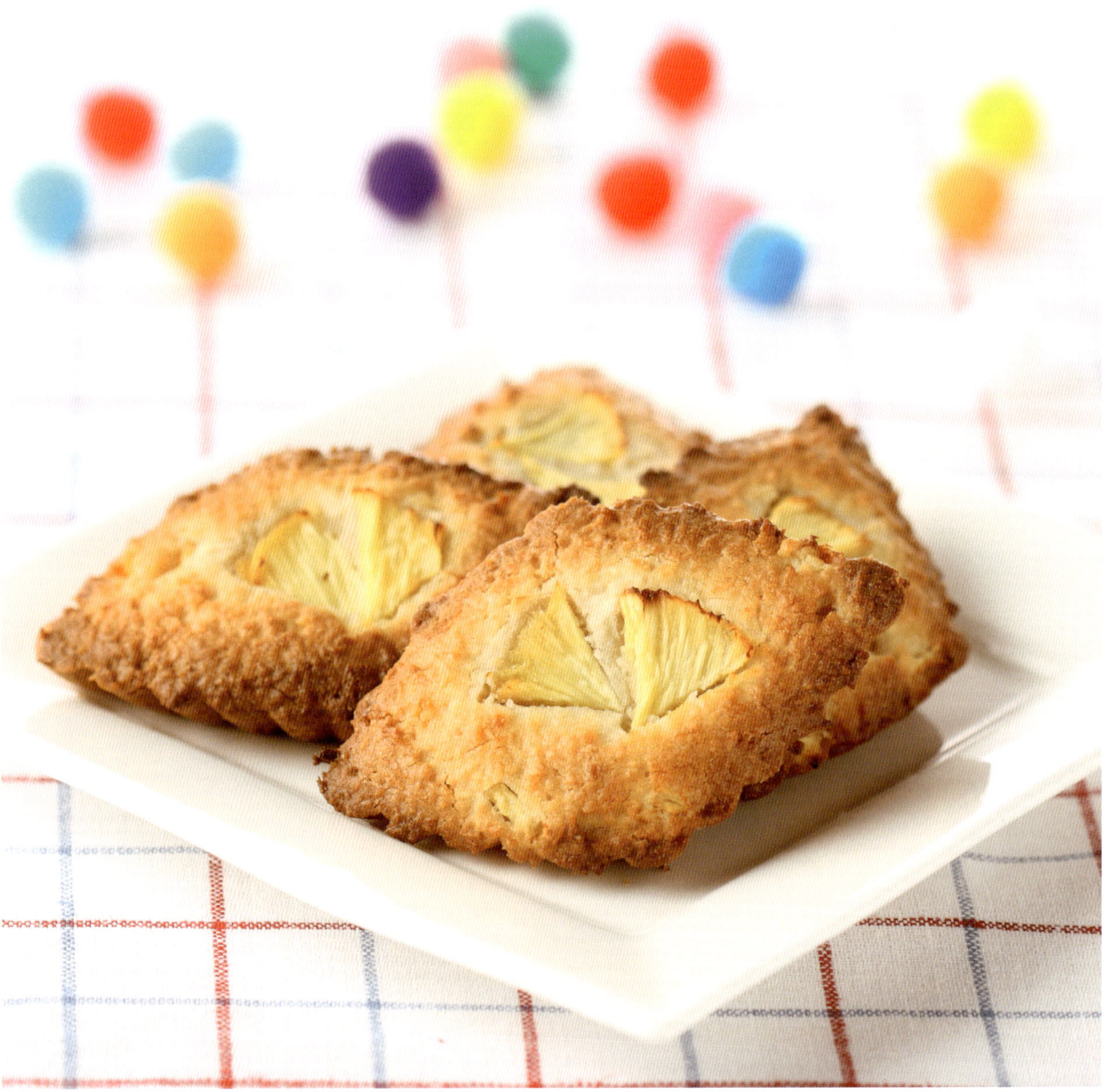

재료 | 타르트형 8개분

- 쌀가루 … 2/3컵(65g)
- 아몬드가루 … 1/2컵(45g)
- 코코넛파인 … 1/2컵(50g)
- 사탕수수설탕 … 1/3컵(45g)
- 유채씨유 … 3큰술(30g)
- 파인애플(생것) … 60g
- 파인애플과즙(100% 주스도 가능) … 3큰술(45g)

❶ 파인애플은 가늘게 썰어 놓는다(토핑용으로 조금 남겨 둔다).

❷ 볼에 쌀가루, 아몬드가루, 코코넛파인, 사탕수수설탕을 넣고 거품기로 섞는다.

❸ 유채씨유를 넣고 고무주걱으로 반죽한다.

❹ ❶의 파인애플을 넣은 다음, 반죽의 점도를 보면서 파인애플과즙 양을 조절한다.

원포인트 쿠킹

파인애플과즙을 첨가할 때는 반죽의 점도를 살피며 양을 조절하세요. 반죽에 끈기가 생기면 전부 넣지 않아도 된답니다.

❺ 타르트 틀로 반죽을 찍어낸 뒤 파인애플을 두 조각씩 올려 170℃로 예열된 오븐에서 20분 정도 구워낸다.

Nut Gateau

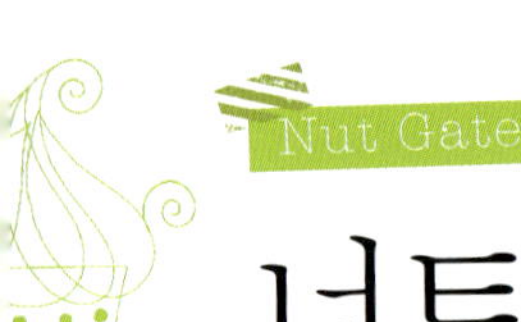

너트 가토

원하는 모양으로 찍어낸 반죽 위에 몸에 좋은 견과류를 마음껏 올려 만드는 가토!
바삭하면서도 입안에서 사르르 녹는 맛이 일품입니다. 토핑을 하는 재미도 쏠쏠해요.

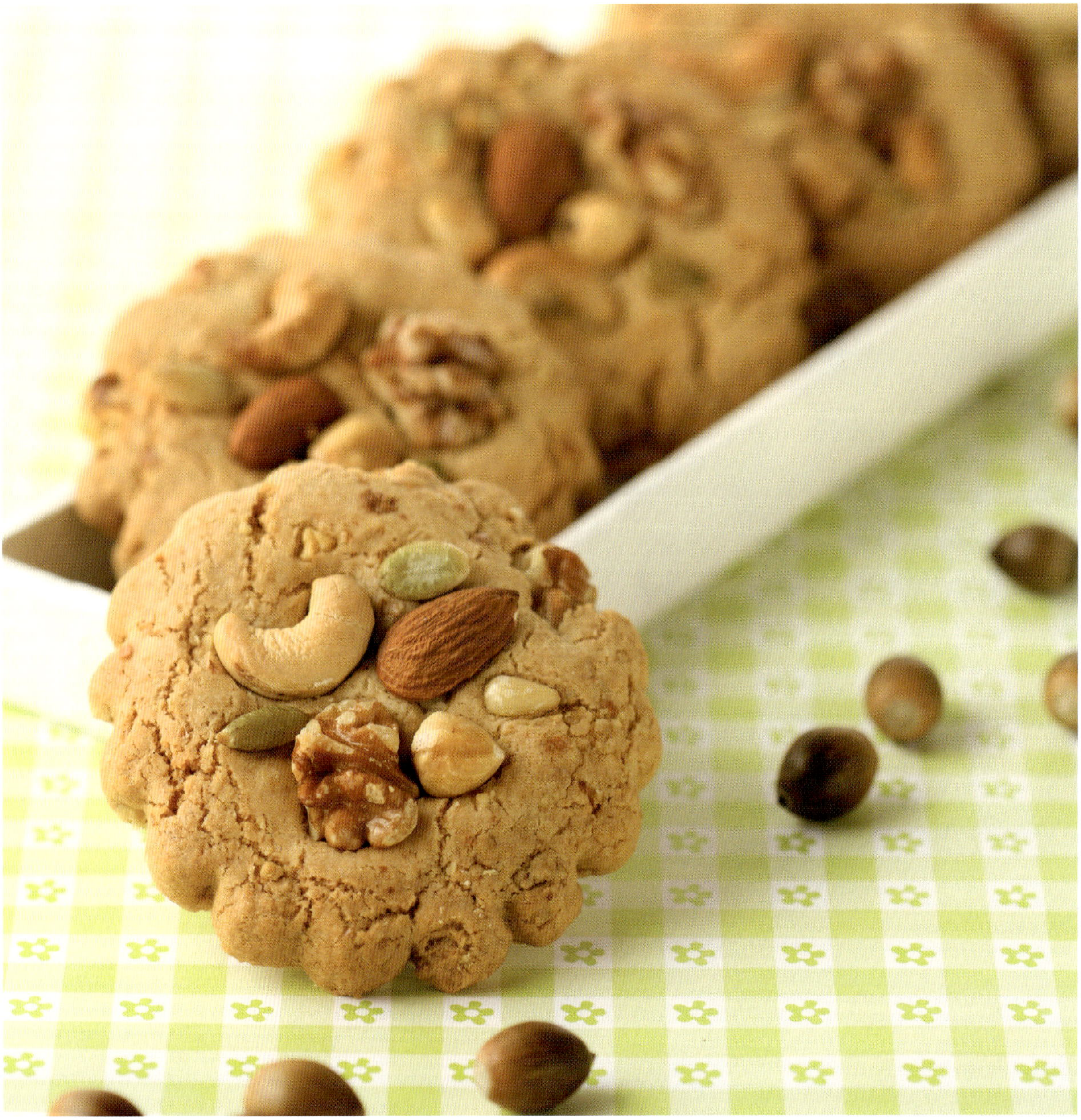

 재료 | 5~6개분

쌀가루 … 2.5큰술(20g)
아몬드가루 … 1/2컵(45g)
녹말가루 … 1/3컵(45g)
사탕수수설탕 … 1/3컵(45g)
중조 … 1/4작은술(1.5g)
물 … 1/2작은술(2g)
레몬과즙 … 1/2작은술(2g)
코코넛밀크 … 1큰술(15g)
유채씨유 … 1큰술(10g)
호두 … 25g

토핑
여러 가지 너트 … 적당량

원포인트 쿠킹

거품기보다 손으로 반죽해야 멍울이 생
기지 않아요.

❶ 쌀가루, 아몬드가루, 녹말가루, 사탕수수설탕을 볼에 넣고 거품기로 섞는다.

❷ 다른 볼에 중조를 물에 푼 다음, 레몬과즙, 코코넛밀크, 유채씨유를 차례대로 넣고 잘 섞는다.

❸ ❷를 ❶에 넣고 멍울이 생기지 않도록 잘 반죽한다. 거칠게 부순 호두를 넣어 섞는다.

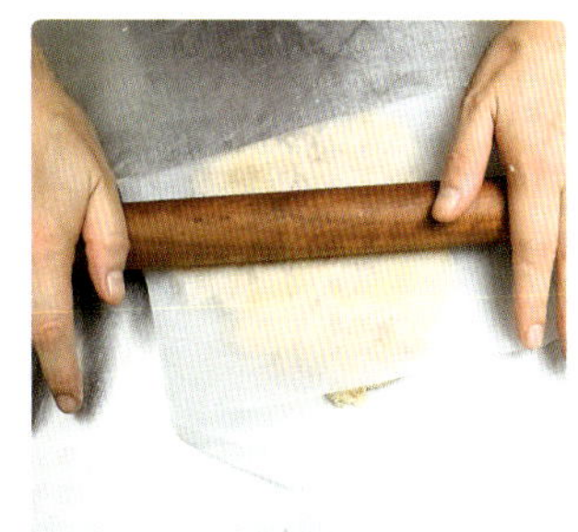

❹ 쿠킹시트 위에 반죽을 놓고 그 위에 쿠킹시트를 덮고 밀대로 밀어 8mm 두께로 만든다. 원하는 모양 틀로 찍어낸다.

❺ 모양틀로 찍어낸 반죽 위에 토핑용 너트를 보기 좋게 올리고 가볍게 누른다.

❻ 쿠킹시트를 깐 오븐 팬에 반죽을 가지런히 올리고 160℃로 예열한 오븐에서 20분 정도 구워낸다.

스위트 포테이토 쿠키

메이플 시럽과 유채씨유로 만든 심플한 고구마 쿠키입니다. 따뜻한 차와 함께 드시면
고구마의 부드러움을 충분히 느낄 수 있습니다. 고구마 본연의 단맛이 매력적인 간식이죠.

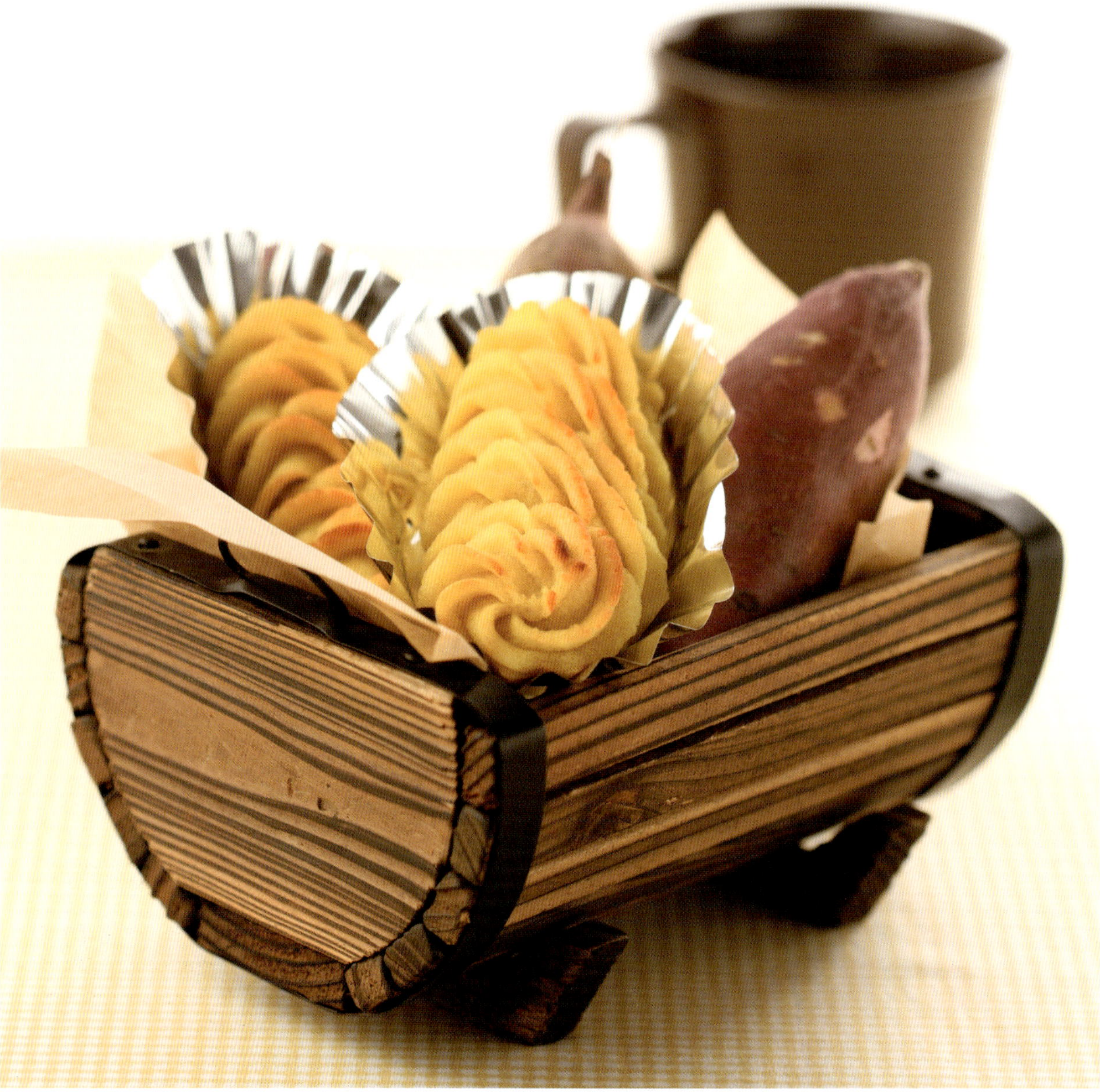

재료 | 알루미늄 포일 컵 5개분

고구마 … 200g
메이플시럽 … 3.5큰술(50g)
유채씨유 … 2큰술(20g)

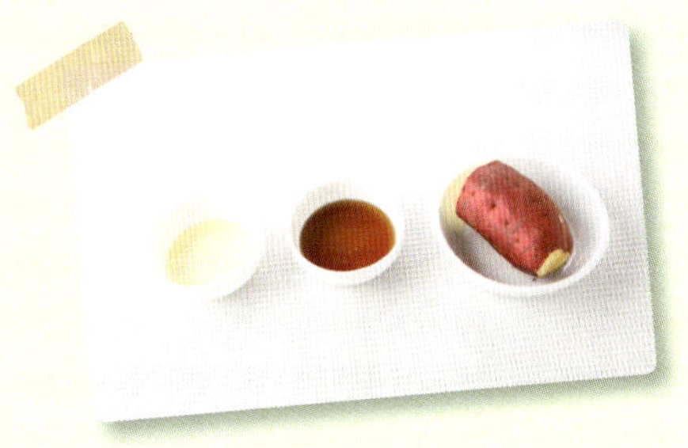

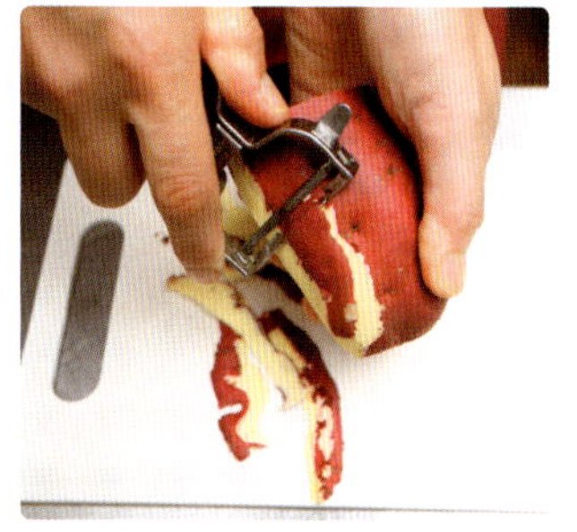

❶ 고구마는 껍질을 벗겨서 물러
질 때까지 삶는다.

❷ ❶을 볼에 넣고 매셔로 부드럽
게 으깬다.

❸ 메이플 시럽과 유채씨유를 넣
고 잘 반죽한다.

❹ 별 모양 깍지를 낀 짤주머니에
반죽을 넣고 알루미늄 포일 컵
에 원하는 모양으로 짜낸다.

❺ 180℃로 예열된 오븐에서 표
면이 갈색을 띨 때까지, 10분
정도 구워낸다.

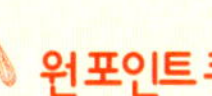

원포인트 쿠킹

시간 여유가 있다면 고구마를 껍질째
찌거나 통째로 삶은 다음에 껍질을 벗기
는 편이 단맛도 강하고 맛있답니다.

스위트 펌프킨 쿠키

단호박으로 반죽을 만들어 팥을 넣고 분량에 맞게 예쁜 컵에 담아 구워 내면 따끈따끈하고
부드러운 스위트 펌프킨 쿠키 완성! 아이들에게 인기 만점 간식이랍니다.

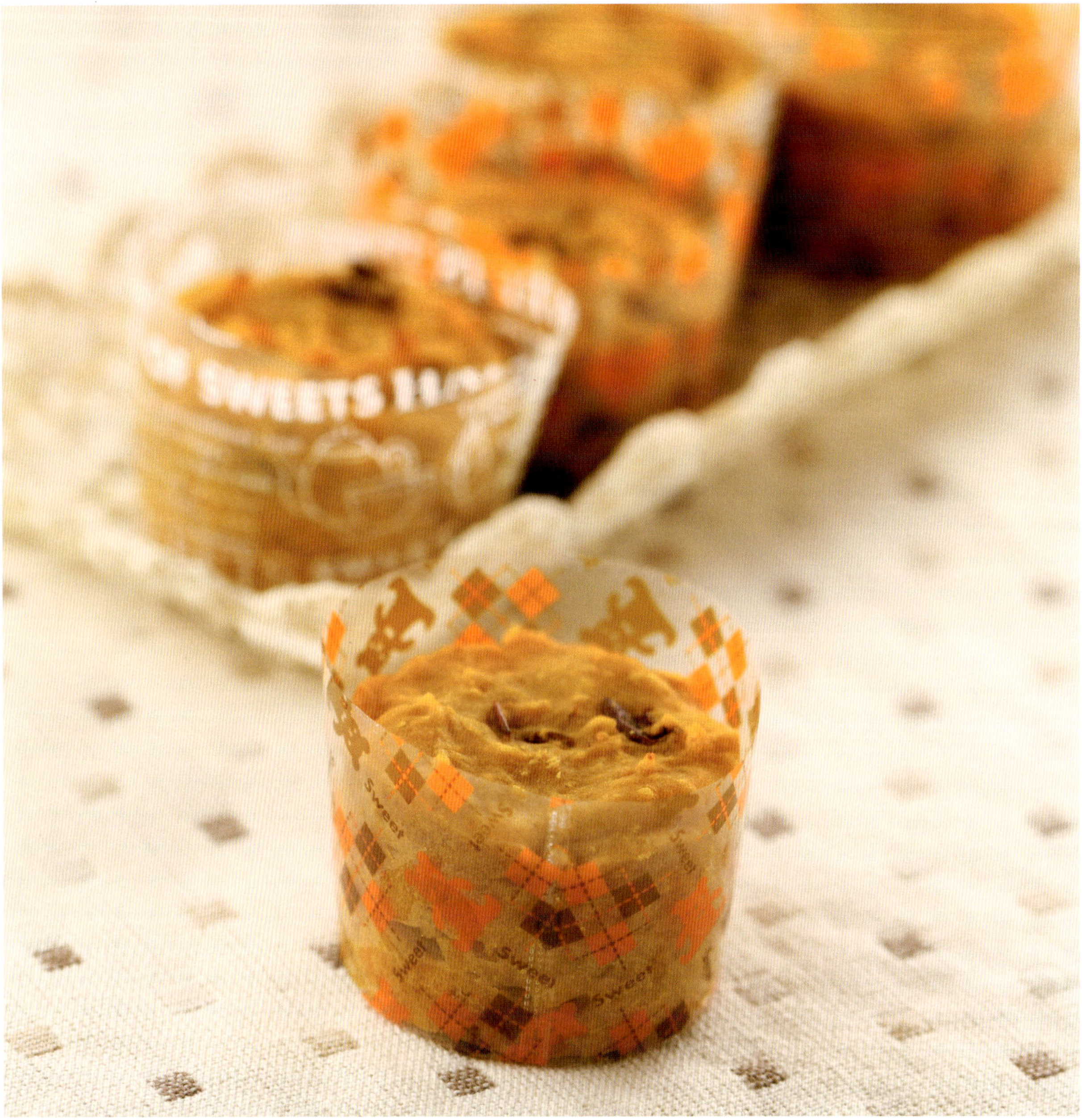

재료 | 미니 컵 5개분

- 단호박 … 140g
- 사탕수수설탕 … 1/3컵(45g)
- 유채씨유 … 1.5큰술(15g)
- 쌀가루 … 3큰술(25g)
- 삶은 팥(무당) … 30g

원포인트 쿠킹

단호박에 따라 단맛이 달라요. 사탕수수 설탕의 양을 조절하는 것이 포인트!

❶ 단호박은 껍질을 벗기고 무를 때까지 삶아 적당한 크기로 자른다.

❷ ❶을 볼에 넣고 매셔로 부드럽게 으깬다.

❸ ❷에 사탕수수설탕, 유채씨유, 쌀가루를 넣고 잘 섞는다.

❹ 반죽에 삶은 팥을 넣고 골고루 반죽한다.

❺ 짤주머니에 ❹를 넣고 베이킹용 미니 컵에 짜 넣는다. 170℃로 예열된 오븐에서 12분 정도 구워낸다.

바나나 머핀

구운 바나나의 달달한 향과 부드러운 맛이 일품인 머핀입니다.
달걀이나 밀가루를 전혀 쓰지 않아도 폭신하고 촉촉하게 만들 수 있답니다.

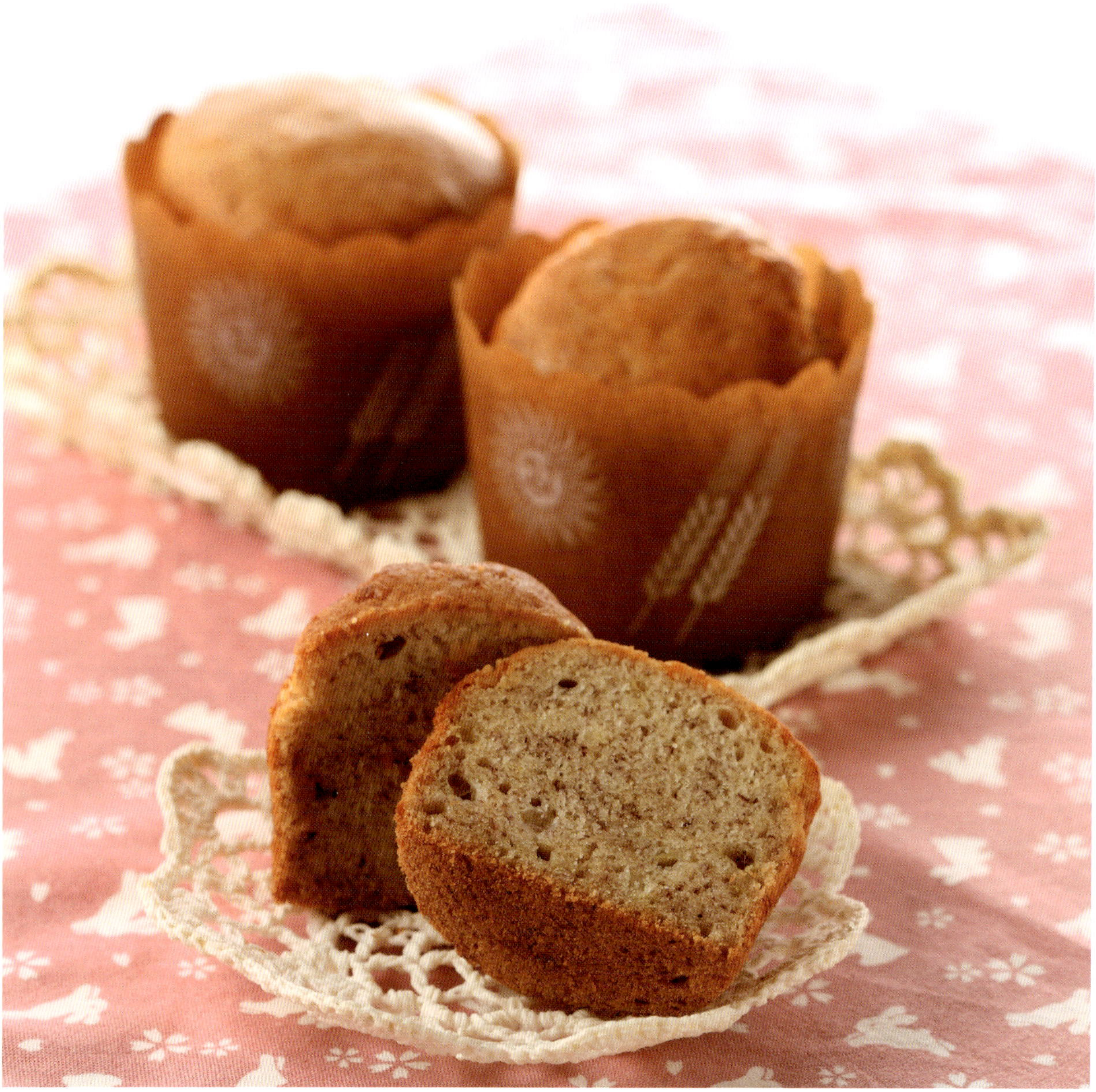

바나나 … 200g(큰 것 2개)
쌀가루 … 1컵(100g)
아몬드가루 … 4/5컵(65g)
사탕수수설탕 … 1/2컵(70g)
유채씨유 … 4큰술(40g)
레몬과즙 … 1작은술(5g)
중조 … 1/2작은술(3g)
물 … 1작은술(5g)

원포인트 쿠킹

머핀 컵의 크기에 따라 굽는 시간이 달라지니까 꼬치로 체크하는 것, 잊지 마세요!

❶ 바나나는 껍질을 벗기고 매셔로 으깨 놓는다.

❷ 볼에 쌀가루, 아몬드가루, 사탕수수설탕을 넣고 거품기로 섞는다.

❸ ❷에 ❶과 유채씨유를 넣고 멍울이 생기지 않을 때까지 충분히 반죽한다.

❹ 중조를 물에 풀고 레몬과즙을 섞은 다음, ❸에 넣고 잘 반죽한다.

❺ 짤주머니에 ❹를 넣고 머핀 컵에 짠 다음, 150℃로 예열된 오븐에서 20~25분 정도 구워낸다(반죽 중앙에 꼬치를 찔러 보아서 아무것도 묻어 나오지 않으면 완성).

잣 옥수수빵

옥수수의 달콤한 향이 입안 가득 부드럽게 퍼지는 따뜻한 옥수수빵.
고소하고 영양 만점인 잣을 넣어 간단한 한 끼 식사로도 손색이 없답니다.

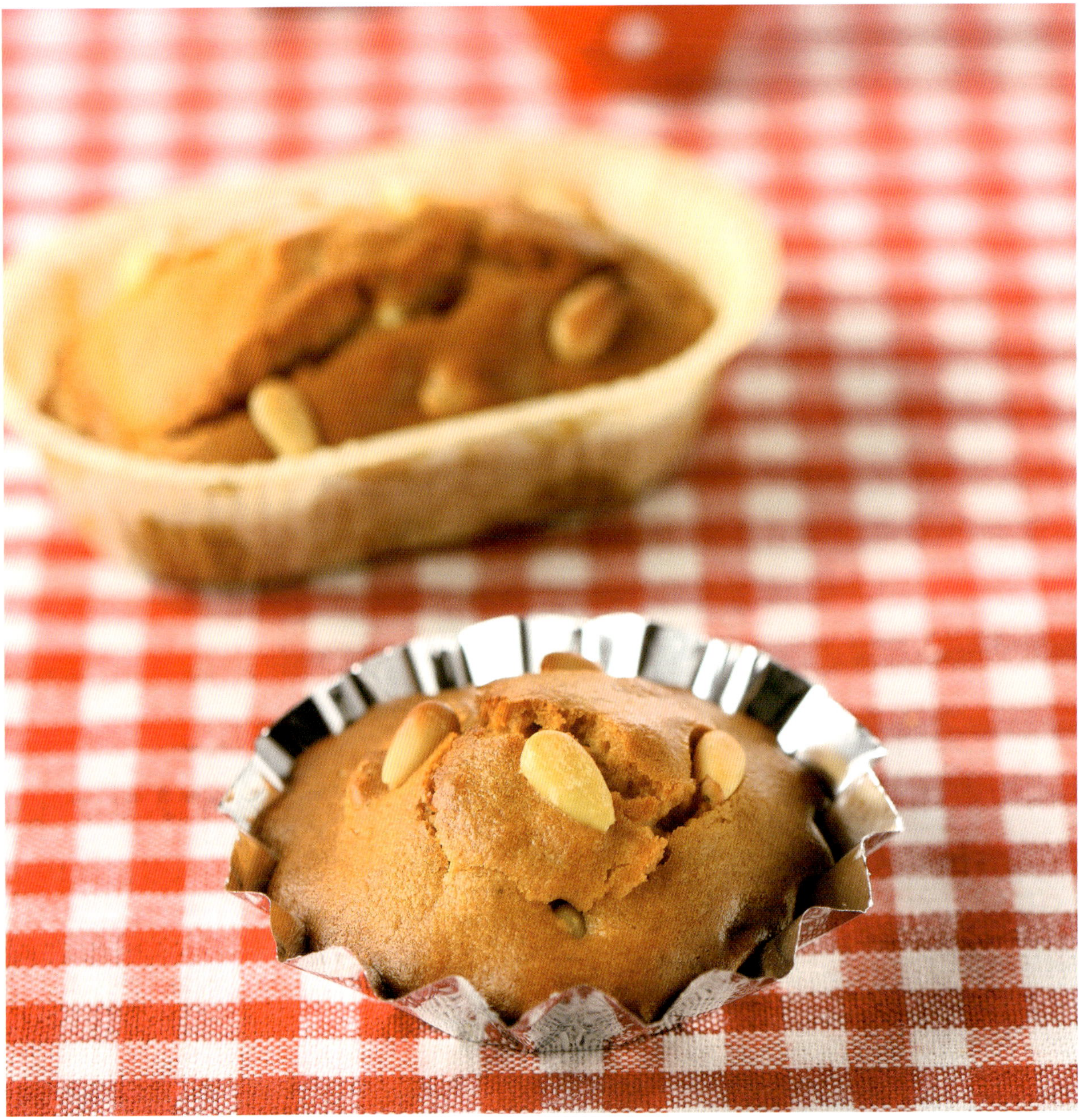

재료 | 작은 케이크 컵 5개분

쌀가루 … 1/2컵(50g)

옥수수가루 … 1/2컵(50g)

아몬드가루 … 4큰술(25g)

사탕수수설탕 … 1/3컵(45g)

유채씨유 … 3큰술(30g)

벌꿀 … 2/3큰술(12g)

레몬과즙 … 1작은술(5g)

중조 … 1/3작은술(2g)

물 … 60cc(60g)

잣 … 50g

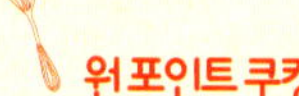
원포인트 쿠킹

식기 전에 먹으면 옥수수의 향과 맛을 더욱 잘 느낄 수 있답니다.

❶ 쌀가루, 옥수수가루, 아몬드가루, 사탕수수설탕을 볼에 넣고 거품기로 섞는다.

❷ ❶에 유채씨유와 벌꿀을 넣고 반죽한다.

❸ 물에 녹인 중조를 레몬과즙에 넣어 섞은 다음 ❷에 넣고 전체를 골고루 반죽한다.

❹ 잣을 10g 정도 따로 남겨 놓고 나머지를 모두 ❸에 넣어서 섞는다.

❺ 작은 케이크 컵에 반죽을 담고 따로 남겨두었던 잣을 흩뿌리듯 토핑한다.

❻ 170°C로 예열된 오븐에서 15~20분 정도 구워낸다.

Prune Cake

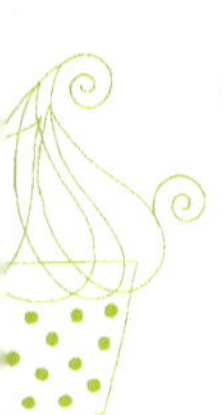

프룬 케이크

성장기 아이들에게 꼭 필요한 철분! 철분이 가득하고 새콤한 맛도 매력적인 프룬을 넣어 만든 케이크입니다. 프룬에는 식이섬유가 많아 변비에도 효과가 좋답니다.

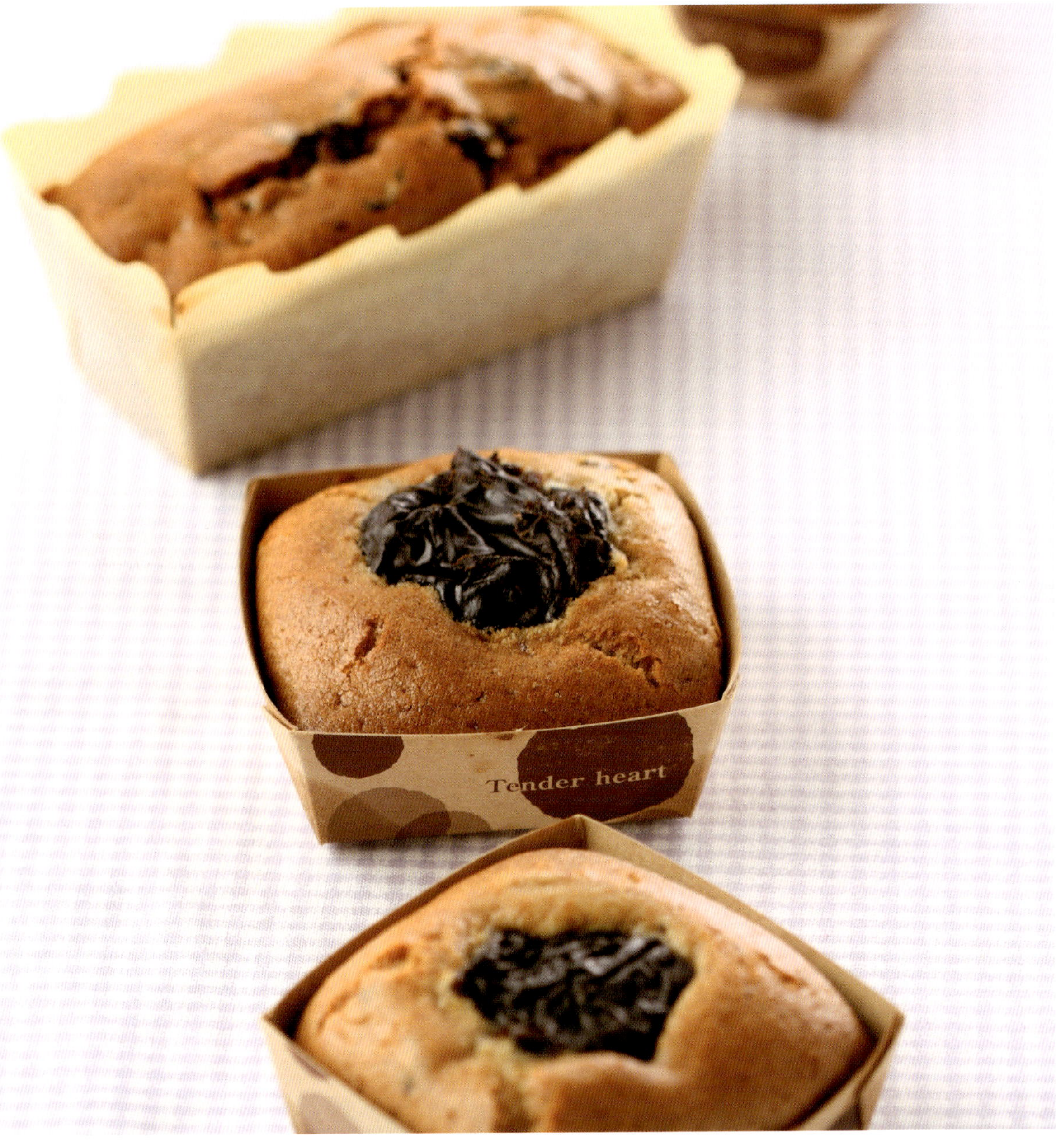

재료 | 미니 컵 5~6개분

- 쌀가루 … 1/2컵(50g)
- 아몬드가루 … 1/2컵(40g)
- 사탕수수설탕 … 4큰술(35g)
- 유채씨유 … 3큰술(30g)
- 포도과즙(100% 주스도 가능) … 3큰술 (45g)
- 레몬과즙 … 1/2작은술(2g)
- 중조 … 1/4작은술(1.5g)
- 물 … 1작은술(5g)
- 건자두 … 약 10알
- 뜨거운 물 … 적당량

원포인트 쿠킹

프룬(건자두)은 부드럽고 과육이 두꺼운 것으로 고르세요. 씨를 제거한 제품으로 준비하는 것이 편리하답니다.

❶ 건자두의 반 정도를 가늘게 썰어 둔다(딱딱할 때는 따뜻한 물에 담가 불린다).

❷ 쌀가루, 아몬드가루, 사탕수수설탕을 볼에 넣고 거품기로 섞는다.

❸ 유채씨유와 포도과즙을 넣고 고무주걱으로 반죽한다.

❹ 물에 녹인 중조에 레몬과즙을 섞은 다음, ❶의 건자두와 함께 ❸에 넣어서 전체를 골고루 반죽한다.

❺ 미니 컵에 반죽을 담고 남은 건자두를 보기 좋게 올려 170℃로 예열된 오븐에서 15분 정도 구워낸다.

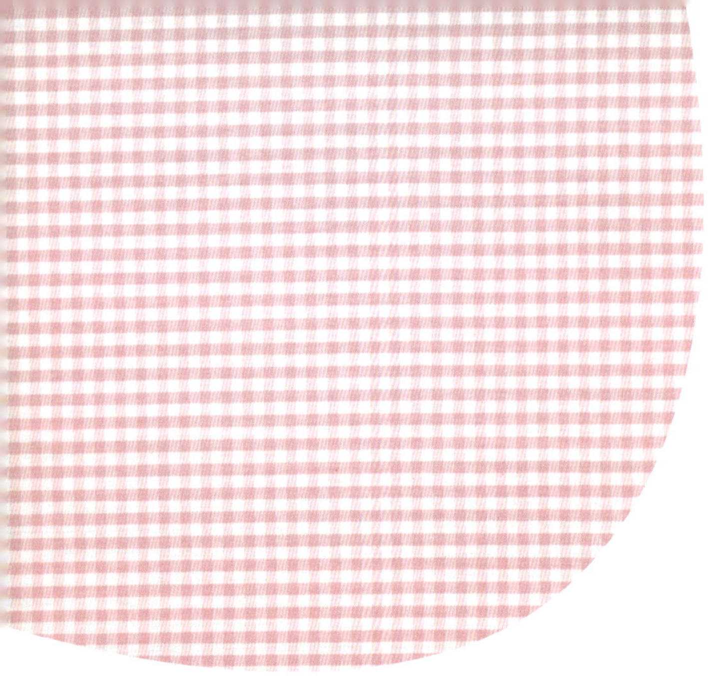

밀가루도 버터도 사용하지 않은 쿠키?
그렇다고 해서 오래된 빵처럼 버석거리는 맛이 아니랍니다.
깜짝 놀랄 만큼 바삭바삭하고 고소해서 자꾸만 손이 가는 맛!
누구라도 맛있게 즐길 수 있는 쿠키입니다.
버터를 녹이거나 밀가루를 체로 거를 필요도 없으니
아주 간단하게 만들 수 있어요.
손으로 직접 모양을 만들거나 짤주머니로 짜서 만든 것,
쿠키커터로 찍거나 포크로 눌러서 모양을 만든 것 등
8종류의 쿠키를 모아 보았습니다.
수분이 날아가도록 시간을 두고 저온에서 구워내는 것이 포인트입니다.

고급스러운 식감의
작은 쿠키

코코넛 볼 쿠키

고소한 아몬드와 코코넛향이 입안 가득 퍼지는 맛! 한 입에 쏙 들어가는 크기로 만든
동글동글 모양까지 사랑스러운 쿠키입니다. 아이들과 함께 만들어 보세요.

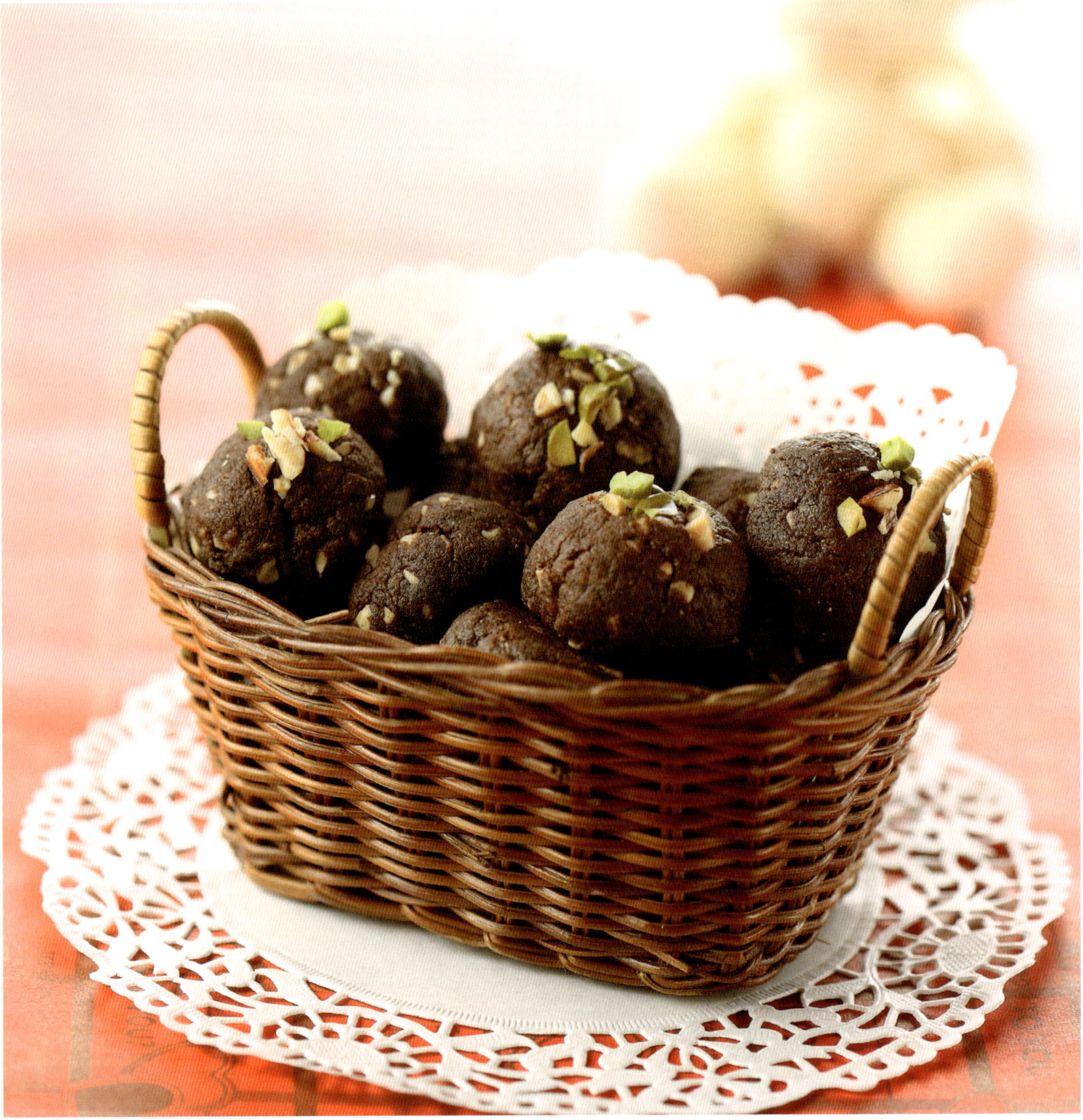

재료 | 약 15개분

쌀가루 … 3큰술(25g)
아몬드가루 … 1/2컵(45g)
코코아가루 … 1큰술(6g)
사탕수수설탕 … 3큰술(25g)
중조 … 1/6작은술(1g)
물 … 2작은술(10g)
레몬과즙 … 1/2작은술(2g)
유채씨유 … 2.5큰술(25g)
아몬드다이스 … 3큰술(25g)

토핑
피스타치오, 아몬드 … 적당량

원포인트 쿠킹

일단 손으로 쥐어 단단하게 뭉친 다음
부드럽게 굴려서 둥글게 모양을 잡는 것
이 요령. 잘 뭉쳐지지 않을 때는 물을
조금 넣어 보세요.

❶ 아몬드다이스는 프라이팬에
살짝 볶거나 150℃로 예열된
오븐에 5분 정도 굽는다.

❷ 볼에 쌀가루, 아몬드가루, 코
코아가루, 사탕수수설탕을 넣
고 거품기로 잘 섞는다.

❸ 다른 볼에 중조를 물에 풀고 레
몬과즙과 유채씨유를 차례로
넣어 섞은 다음 ❷의 반죽에 넣
는다.

❹ 뭉치기 좋은 점도가 될 때까
지 고무주걱으로 반죽한다.
❶을 넣은 다음 전체를 골고루
섞는다.

❺ 한 입 크기 정도의 반죽을 떼
어내 가볍게 손에 쥐어 동그랗
게 뭉친다.

❻ 잘게 부순 피스타치오와 아몬
드를 토핑한 뒤 쿠킹시트를
깐 오븐 팬에 가지런히 놓고,
150℃로 예열된 오븐에서 25
분 정도 구워낸다.

Sesame Stick Cookie

참깨 스틱쿠키

고소한 참깨를 듬뿍 넣은 막대 모양 쿠키입니다. 기다란 컵에 꽂아 하나씩 집어먹거나 세 개씩 리본으로 묶어 포장하면 근사한 선물이 된답니다.

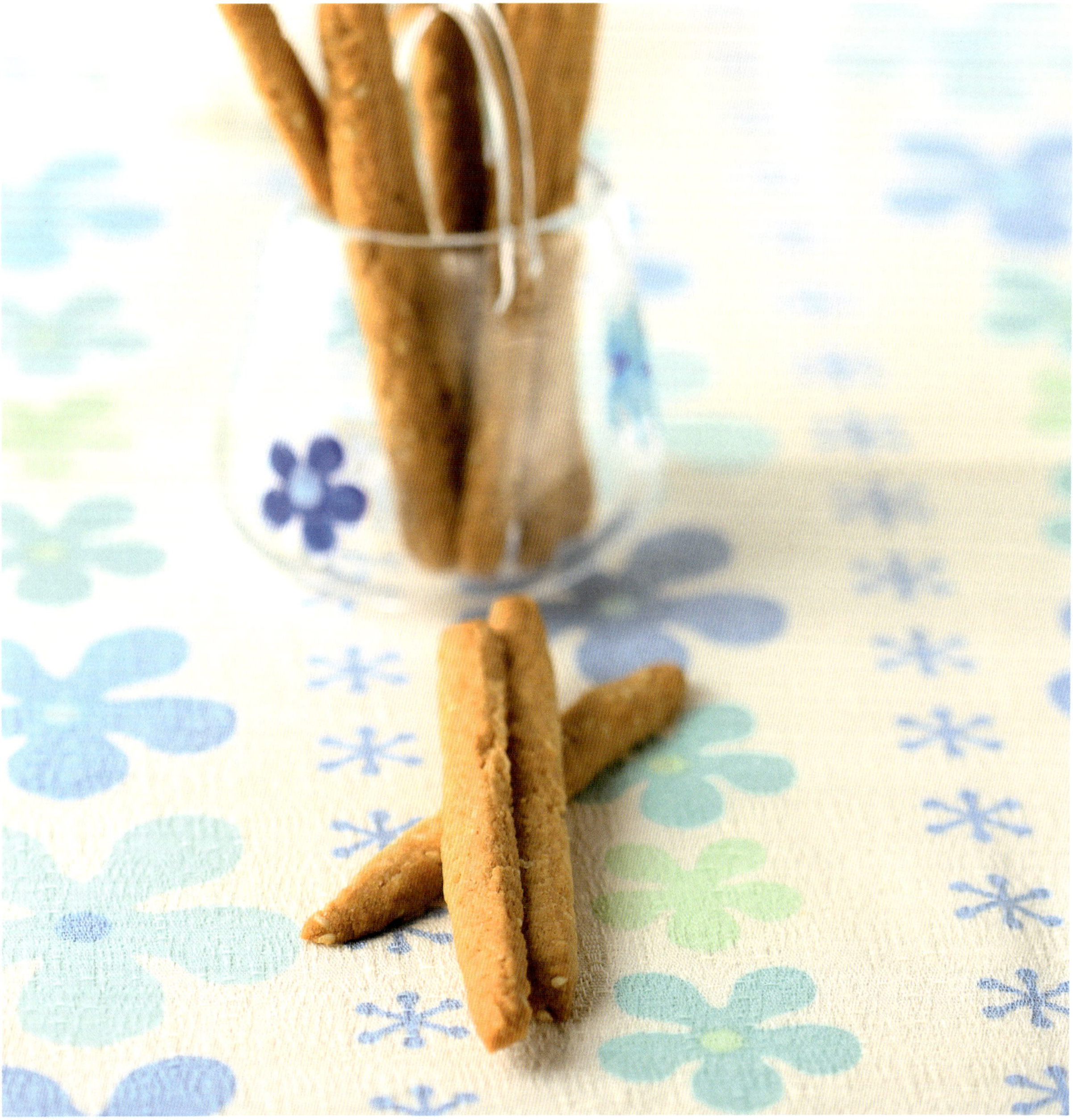

재료 | 약 20개분

- 쌀가루 … 2.5큰술(20g)
- 아몬드가루 … 4큰술(25g)
- 사탕수수설탕 … 2큰술(20g)
- 유채씨유 … 1.5큰술(15g)
- 중조 … 1/12작은술(0.5g)
- 물 … 1작은술(5g)
- 레몬과즙 … 1작은술(5g)
- 볶은 참깨 … 2작은술(4g)

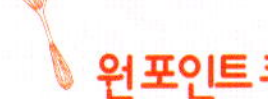

원포인트 쿠킹

참깨를 너무 많이 갈면 쓴맛이 나니까 으깨지지 않도록 잘 섞어주세요.

❶ 쌀가루, 아몬드가루, 사탕수수 설탕을 볼에 넣고 거품기로 잘 섞는다.

❷ ❶에 유채씨유를 넣고 섞어서 부슬부슬한 상태로 만든다.

❸ 다른 볼에 중조를 물에 풀고 레몬과즙을 넣어 섞는다.

❹ ❸을 ❷의 볼에 조금씩 넣으면 서 반죽을 뭉치기 쉬운 점도 로 조절하고, 참깨를 넣어 섞 는다.

❺ 쿠킹시트 위에 반죽을 올리고 밀어서 10×15cm 정도로 늘린 다. 스크래퍼로 잘라서 일정한 간격으로 떨어뜨려 놓는다.

❻ 160℃로 예열한 오븐에서 10분 정도 구워낸다.

Cereal Crunch

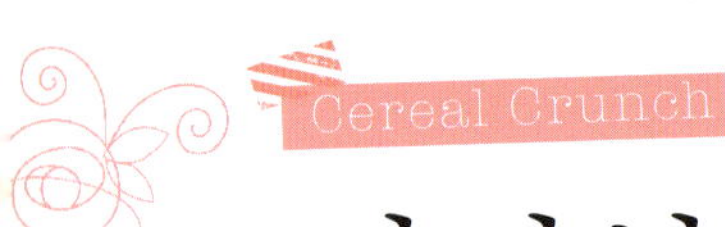

시리얼 크런치

오트밀 반죽에 새콤한 필링을 넣어 만드는 바삭바삭한 크런치 쿠키입니다.
오트밀은 다른 곡물에 비해 단백질 함량이 높아 아침식사로도 활용할 수 있답니다.

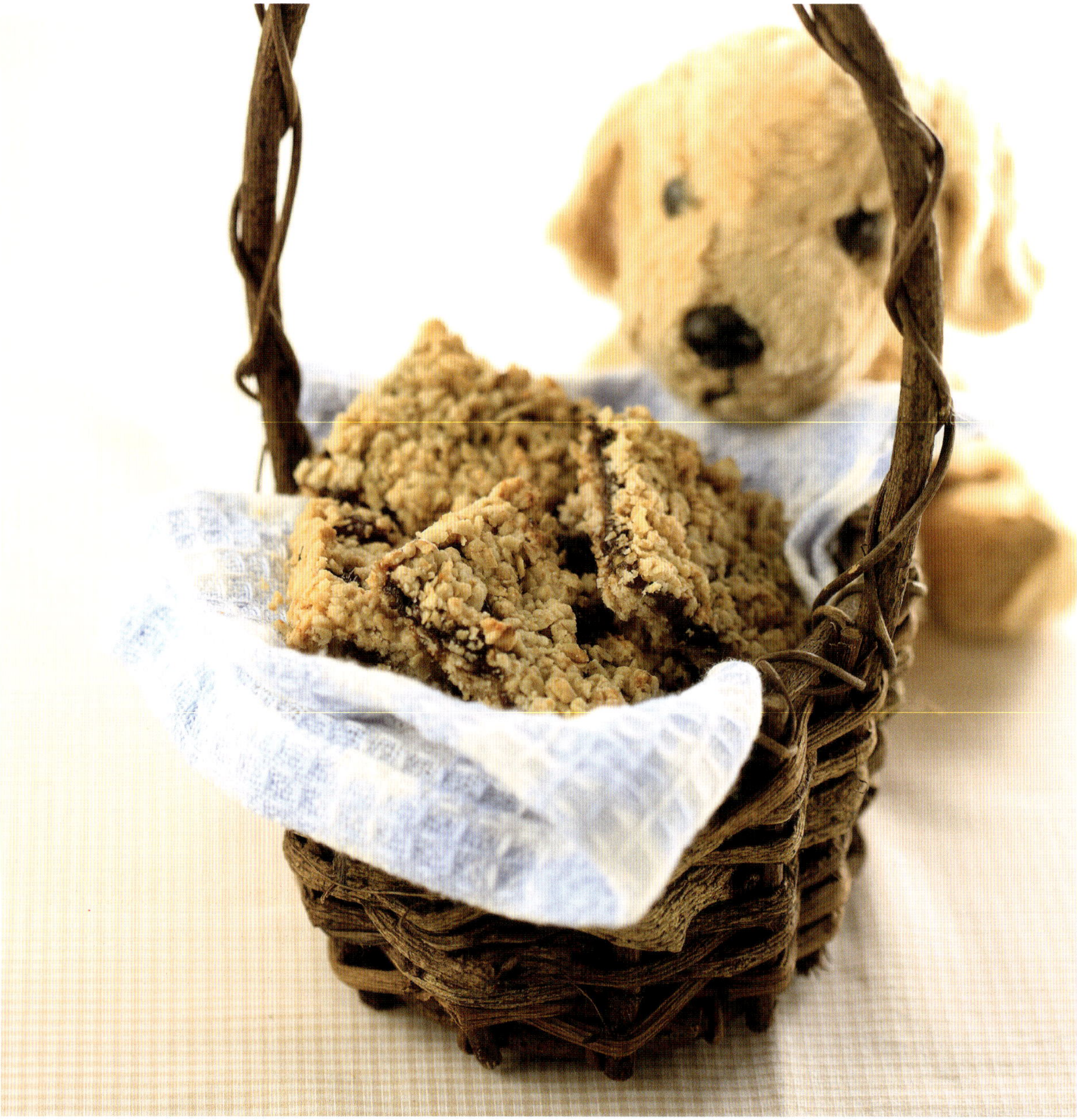

크런치 반죽

오트밀 … 1컵(70g)
쌀가루 … 3.5큰술(30g)
사탕수수설탕 … 4큰술(35g)
유채씨유 … 3큰술(30g)
물 … 1큰술(15g)

필링(속 재료)

씨 없는 건자두 … 30g
건포도 … 30g
물 … 1/2컵(100g)

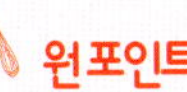

원포인트 쿠킹

필링(속 재료)이 표면으로 나오면 타기
쉬우니 크런치 반죽으로 감싸듯 만드는
것이 요령이랍니다.

❶ 건자두와 건포도를 가늘게 썰어서 냄비에 넣는다. 물을 넣고 중불에서 수분이 없어질 때까지 졸인 후 식혀 놓는다.

❷ 오트밀, 쌀가루, 사탕수수설탕을 볼에 넣고 가볍게 섞은 다음 유채씨유와 물을 넣고 손으로 조물조물 섞는다.

❸ 쿠킹시트를 깐 오븐 팬에 틀을 올리고 ❷의 반 정도를 붓는다. 손으로 고르게 펼치면서 틈이 없도록 눌러 채운다.

❹ ❸ 위에 ❶을 올려 골고루 펼쳐준다.

❺ 남은 크런치 반죽을 필링을 감추듯 뿌리면서 넣고, 손으로 누르면서 표면을 평평하게 정리한다.

❻ 160℃로 예열된 오븐에서 20분 정도 구워낸다. 완전히 식을 때까지 그대로 두었다가 굳으면 칼로 자른다.

모양 쿠키(2가지)

향긋한 코코넛과 오독오독 씹히는 겨자씨를 넣어 향과 식감을 더한 바삭바삭 쿠키!
짤주머니를 이용해 여러 가지 원하는 모양으로 만들어 보세요.

재료 | 각 30개분

코코넛 쿠키

쌀가루 … 2/3컵(65g)

아몬드가루 … 1컵(85g)

사탕수수설탕 … 2/5컵(60g)

유채씨유 … 6큰술(60g)

중조 … 1/2작은술(3g)

물 … 1/4컵(50g)

레몬과즙 … 1작은술(5g)

코코넛파인 … 5큰술(25g)

겨자씨 쿠키

쌀가루 … 2/3컵(65g)

아몬드가루 … 1컵(85g)

사탕수수설탕 … 2/5컵(60g)

유채씨유 … 6큰술(60g)

중조 … 1/2작은술(3g)

물 … 3큰술(45g)

레몬과즙 … 1작은술(5g)

겨자씨(양귀비씨) … 2큰술

원포인트 쿠킹

쌀가루 쿠키는 쌀가루의 종류에 따라 필요한 수분 양이 달라지니까 물 양 조절이 포인트!

❶ 쌀가루, 아몬드가루, 사탕수수 설탕을 볼에 넣고 거품기로 잘 섞는다.

❷ ❶에 유채씨유를 넣어 가루와 섞어서 보슬보슬한 상태로 만 든다.

❸ 다른 볼에 중조를 물에 풀고 레몬과즙을 넣어 섞는다.

❹ ❸을 ❷의 볼에 넣어가면서 반 죽의 점도를 조절하여 짜내기 쉬운 상태로 만든다. 코코넛파 인 또는 겨자씨를 넣어 섞는다.

❺ 큰 별모양 깍지를 낀 짤주머니 에 반죽을 넣고, 쿠킹시트 위 에 원하는 모양으로 짜낸다.

❻ 150℃로 예열된 오븐에서 20~25분 정도 구워낸다.

Nut Cookie

너트 쿠키(3가지)

밀가루 없이 만들었지만 바삭바삭, 고슬고슬한 맛의 쿠키입니다.
호두, 아몬드, 호박씨 등 원하는 너트를 넣어 고소함이 가득한 쿠키를 만들 수 있습니다.

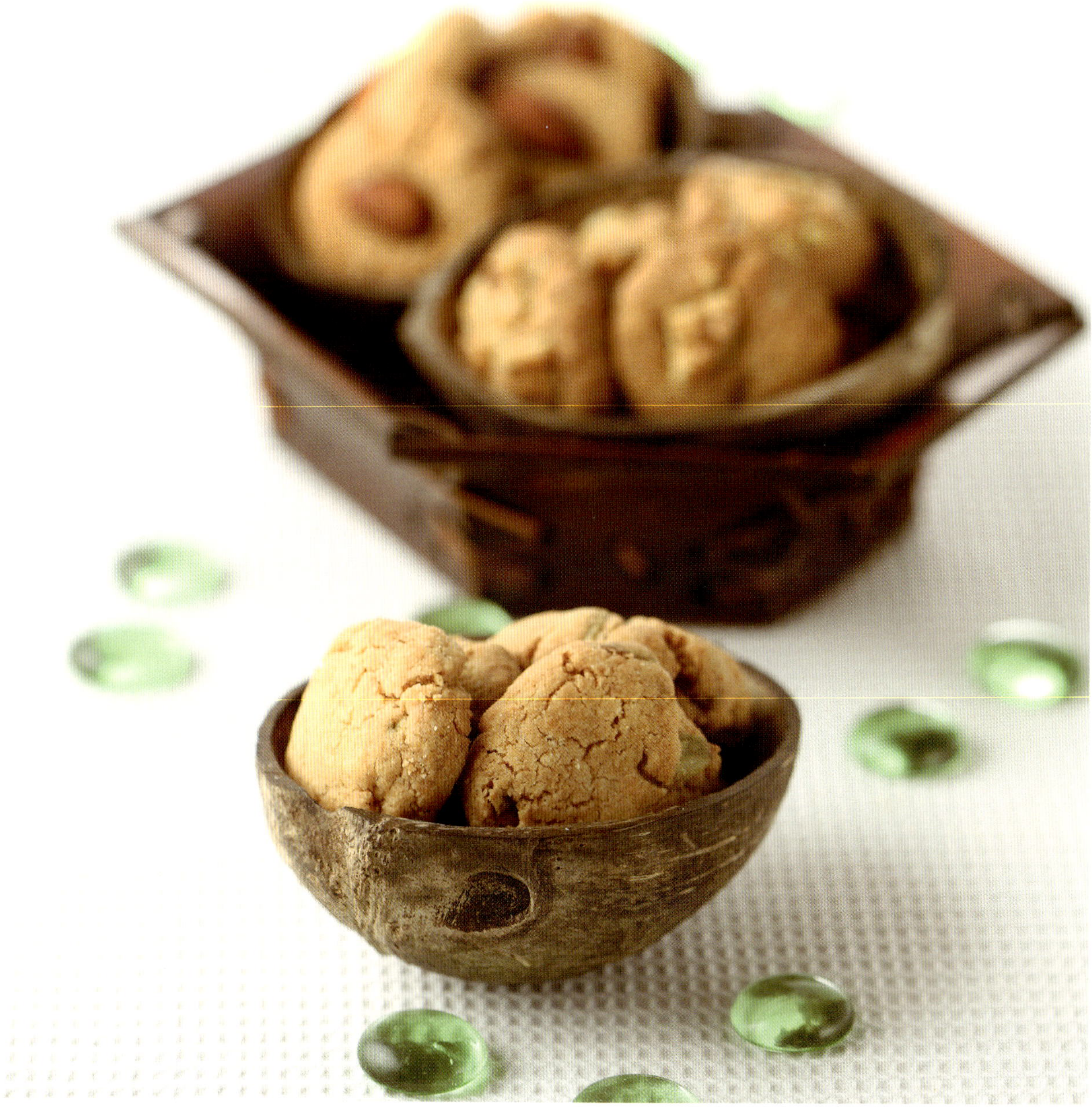

호두 쿠키

쌀가루 … 2/5컵(40g)
아몬드가루 … 1컵(85g)
사탕수수설탕 … 1/3컵(45g)
유채씨유 … 4큰술(40g)
중조 … 1/3작은술(2g)
물 … 1작은술(5g)
레몬과즙 … 1작은술(5g)
호두(가볍게 볶은 것) … 50g

아몬드 쿠키

쌀가루 … 2/5컵(40g)
아몬드가루 … 1컵(85g)
사탕수수설탕 … 1/3컵(45g)
유채씨유 … 4큰술(40g)
중조 … 1/3작은술(2g)
물 … 1작은술(5g)
레몬과즙 … 1작은술(5g)
통아몬드 … 30알

호박씨 쿠키

쌀가루 … 2/5컵(40g)
아몬드가루 … 1컵(85g)
사탕수수설탕 … 1/3컵(45g)
유채씨유 … 4큰술(40g)
중조 … 1/3작은술(2g)
물 … 1작은술(5g)
레몬과즙 … 1작은술(5g)
호박씨 … 4큰술

원포인트 쿠킹

아몬드는 구우면 떨어지기 쉬우니까 반죽 안에 눌러 넣듯 올려놓으세요.

❶ 쌀가루, 아몬드가루, 사탕수수설탕을 볼에 넣고 거품기로 잘 섞는다.

❷ ❶에 유채씨유를 넣고 섞어서 가루를 보슬보슬한 상태로 만든다.

❸ 다른 볼에 중조를 물에 풀고 레몬과즙을 넣어 섞은 다음 ❷의 반죽에 넣어가면서 뭉치기 쉬운 상태로 만든다.

❹ 호두와 호박씨는 반죽에 바로 넣어 섞는다. 아몬드는 반죽 위에 아몬드를 올리고 가볍게 눌러준다.

❺ 반죽을 작게 잘라내서 동그랗게 만든 다음 넓게 눌러서 5mm 두께로 만들어 쿠킹시트 위에 올린다.

❻ 150℃로 예열된 오븐에서 18~20분 정도 구워낸다.

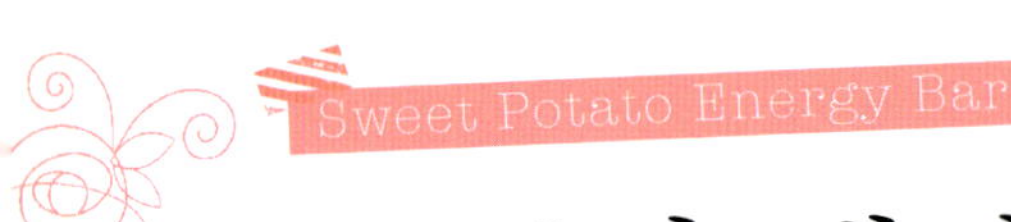

고구마 에너지 바

식이섬유가 가득한 고구마로 만든 에너지 바! 기다란 모양으로 만들어 먹기도 편하답니다.
좋아하는 음료와 함께 가벼운 한 끼로 즐겨보세요.

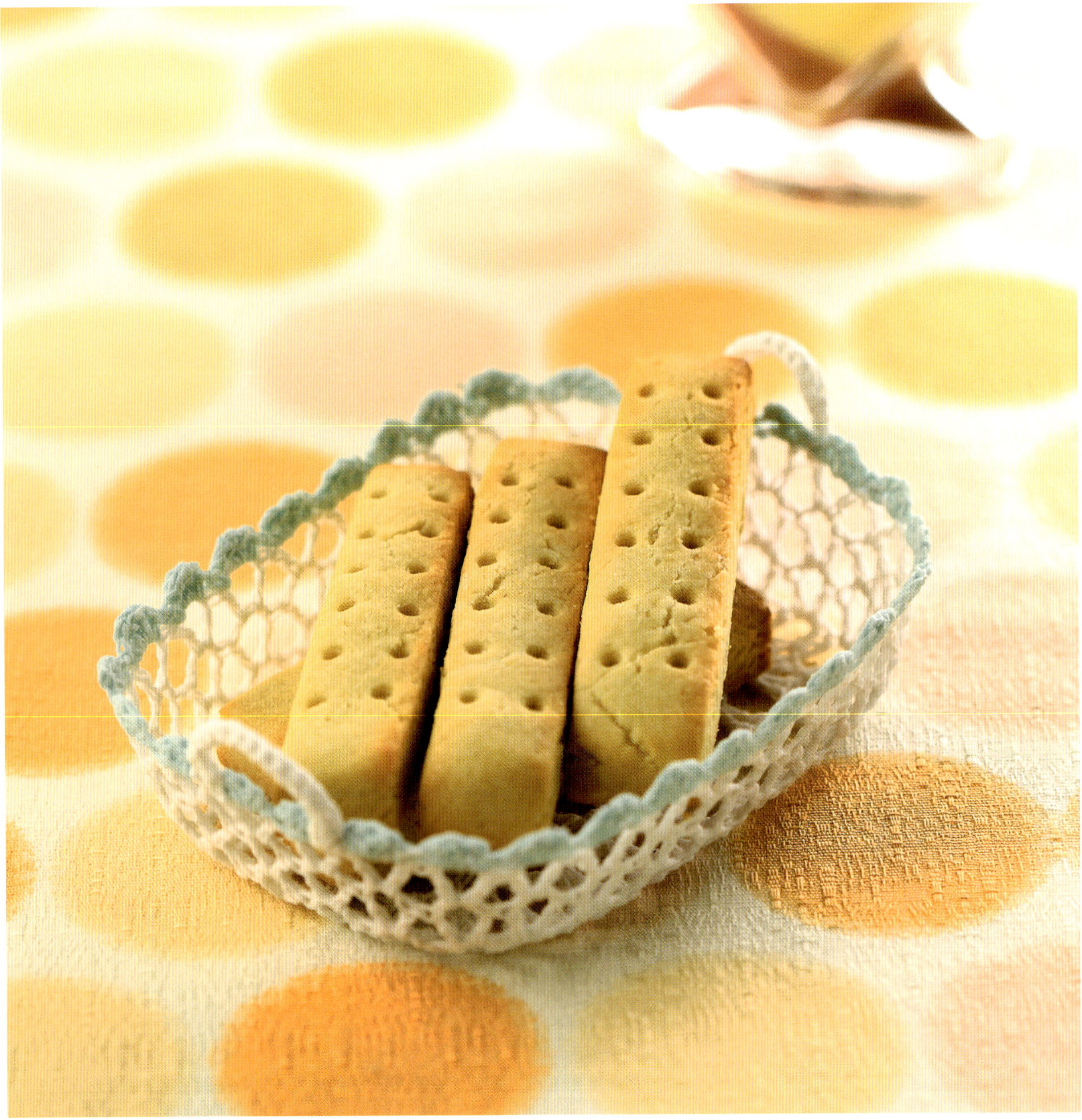

 **재료** | 약 10개분

고구마 … 60g
사탕수수설탕 … 2큰술(20g)
녹말가루 … 1/3컵(45g)
아몬드가루 … 1/2컵(40g)
유채씨유 … 1.5큰술(15g)

❶ 고구마는 껍질을 벗기고 물러 질 때까지 삶는다.

❷ 볼에 옮겨서 사탕수수설탕을 더하고 매끄러워질 때까지 반죽한다.

❸ 다른 볼에 녹말가루, 아몬드가루를 넣고 거품기로 섞는다.

❹ ❸에 ❷와 유채씨유를 넣는다. 전체가 골고루 섞이도록 잘 반죽한다.

 **원포인트 쿠킹**

밀가루 반죽과 달리 반죽이 굳지 않아요. 천천히 골고루 잘 반죽하세요.

❺ 쿠킹시트 위에 반죽을 놓고 밀대로 1cm 두께로 늘린다. 스크래퍼를 이용해 길게 잘라 이쑤시개로 표면에 모양을 만든다.

❻ 160℃로 예열된 오븐에서 15분 정도 구워낸다.

Sweet Pumpkin Cookie

단호박 쿠키

은은한 달콤함이 입안에 부드럽게 퍼지면서도 식감은 바삭바삭한 쿠키입니다.
노란 호박색으로 잘 구워진 쿠키는 보는 것만으로도 저절로 달콤함이 느껴진답니다.

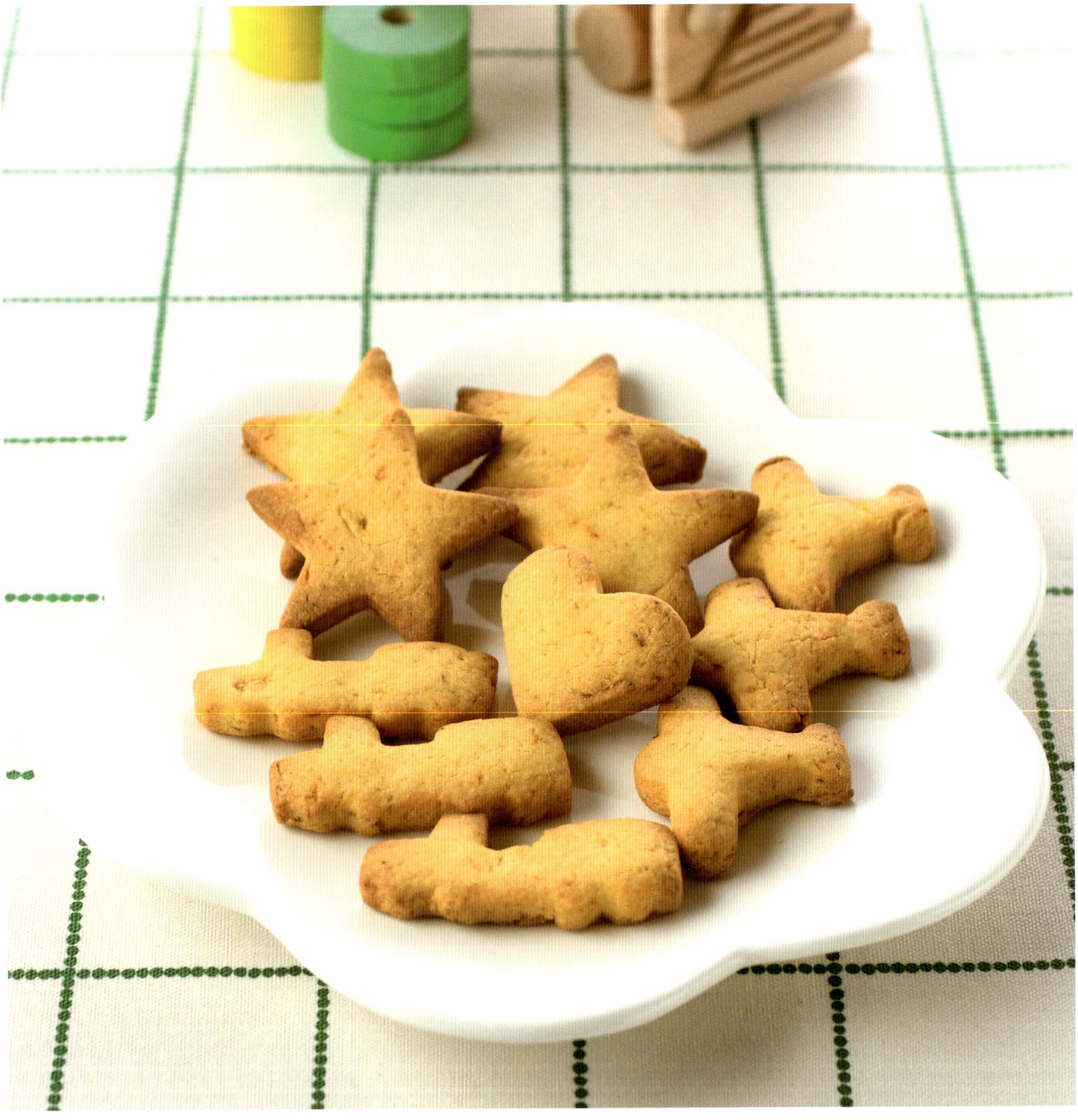

재료 | 약 35개분

- 단호박(껍질 벗긴 것) … 60g
- 쌀가루 … 4큰술(30g)
- 녹말가루 … 3/5컵(85g)
- 아몬드가루 … 2/3컵(55g)
- 사탕수수설탕 … 1/3컵(45g)
- 유채씨유 … 4.5큰술(45g)
- 물 … 1.5큰술(20g)

원포인트 쿠킹

단호박에 수분이 많은 것 같으면 물은
사용하지 않아도 돼요. 반죽의 점도를
조절하는 게 포인트!

❶ 쌀가루, 녹말가루, 아몬드가루
를 볼에 넣고 가볍게 섞는다.

❷ 호박을 무를 때까지 삶아서,
사탕수수설탕과 함께 볼에 넣
고 으깨가면서 섞는다.

❸ ❷와 유채씨유를 ❶의 볼에 넣
고, 고무주걱으로 반죽한다.

❹ 반죽의 점도를 가늠하면서 물
을 첨가하여 모양 틀로 찍기에
알맞은 점도로 만든다.

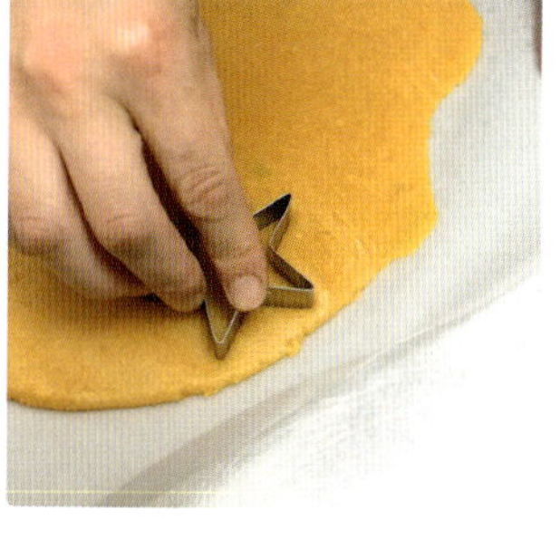

❺ 쿠킹시트 위에 반죽을 올리고
밀대를 이용하여 7∼8mm의
두께로 밀어서 원하는 모양의
틀로 찍어낸다.

❻ 쿠킹시트를 깐 오븐 팬 위에
가지런히 올리고, 170℃로 예
열된 오븐에서 12∼15분 정도
구워낸다.

Almond Coconut Tuile

아몬드 코코넛 튀일

메이플시럽을 넣어 얇게 구워낸 쿠키입니다. 바삭한 식감과 아몬드의 고소함에 손을 멈출 수가 없어요. 몇 개씩 나눠 포장하면 선물로도 그만이랍니다.

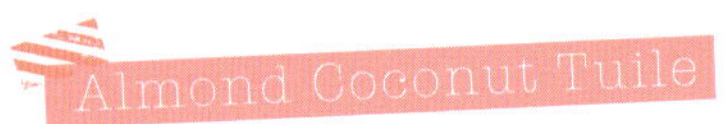

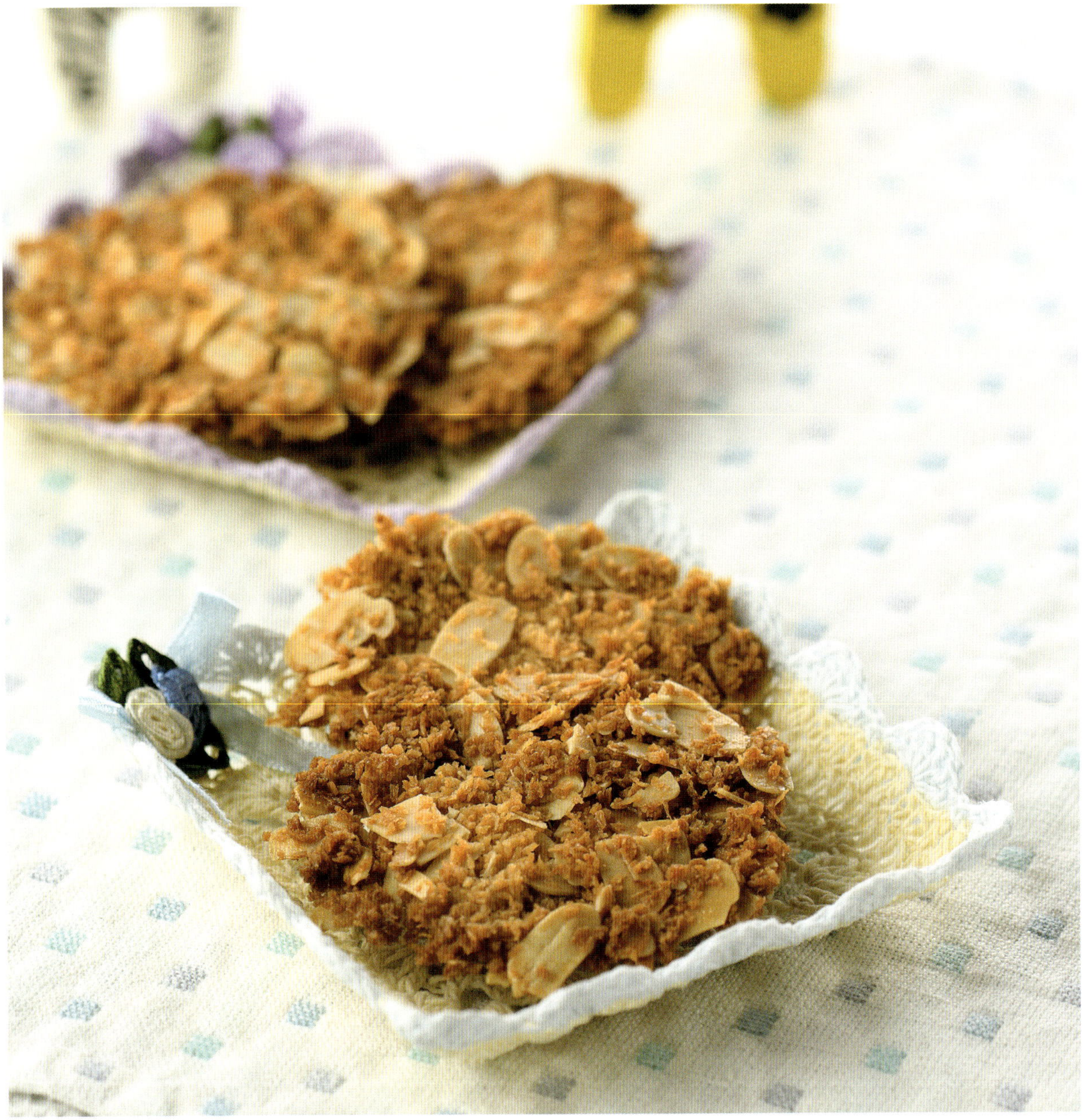

재료 | 직경 6cm 12개분

코코넛파인 … 1/2컵(40g)
슬라이스 아몬드 … 1/2컵(30g)
메이플시럽 … 3큰술(45g)

❶ 코코넛파인과 메이플시럽을 볼에 넣고, 고무주걱으로 잘 섞어 반죽한다.

❷ 슬라이스 아몬드를 넣어 잘 섞는다.

❸ 메이플시럽이 잘 스며들도록 5분 정도 그대로 놓아둔다.

❹ 쿠킹시트 위에 ❸을 떠놓고, 포크의 등을 이용하여 누르듯 펴서 동그랗게 모양을 잡는다.

원포인트 쿠킹

막 구웠을 때는 부서지기 쉬우므로 다 구워진 뒤 굳을 때까지 기다리세요. 또 금방 습기를 머금으니까 식으면 바로 밀봉해서 보관하세요.

❺ 150℃로 예열된 오븐에서 15분 정도 구워낸다. 다 구워지면 오븐에서 꺼내서 잠시 식힌 뒤 식힘망으로 옮겨서 완전히 식힌다.

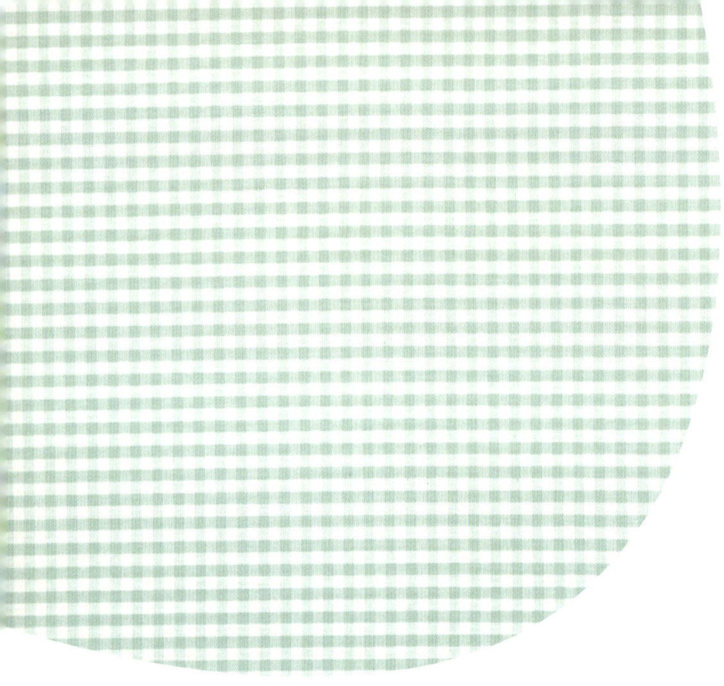

제철 과일을 이용한 차가운 디저트입니다.
제철 과일은 그대로도 충분히 맛있지만
한꺼번에 많이 구입했다면
특유의 과일 맛을 살리면서
간단하게 조리해 보는 건 어떨까요?
포인트는 싱싱한 제철 과일을 신선할 때 사용하는 것!
색도 아름다워서 디저트로
안성맞춤인 요리가 완성됩니다.

깔끔하게 마무리하는

시원한 디저트

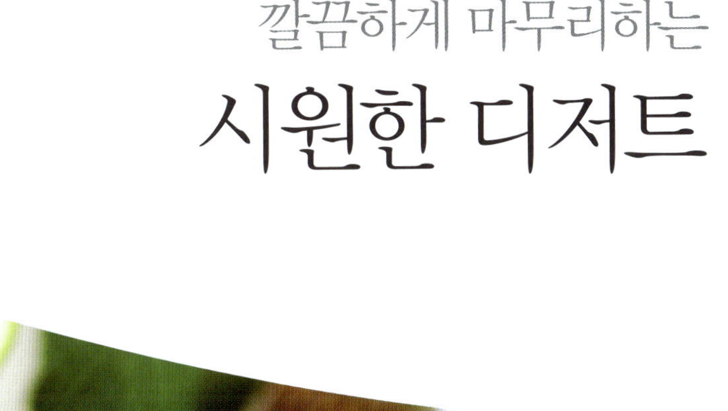

Fig Sherbet

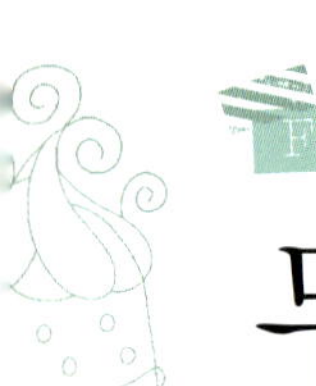

무화과 셔벗

톡톡 씹히는 식감이 독특한 무화과로 만든 셔벗입니다.
선명한 진홍색의 부드러운 셔벗은 간단하게 만들어 아이스크림 대용으로 먹기에도 그만입니다.

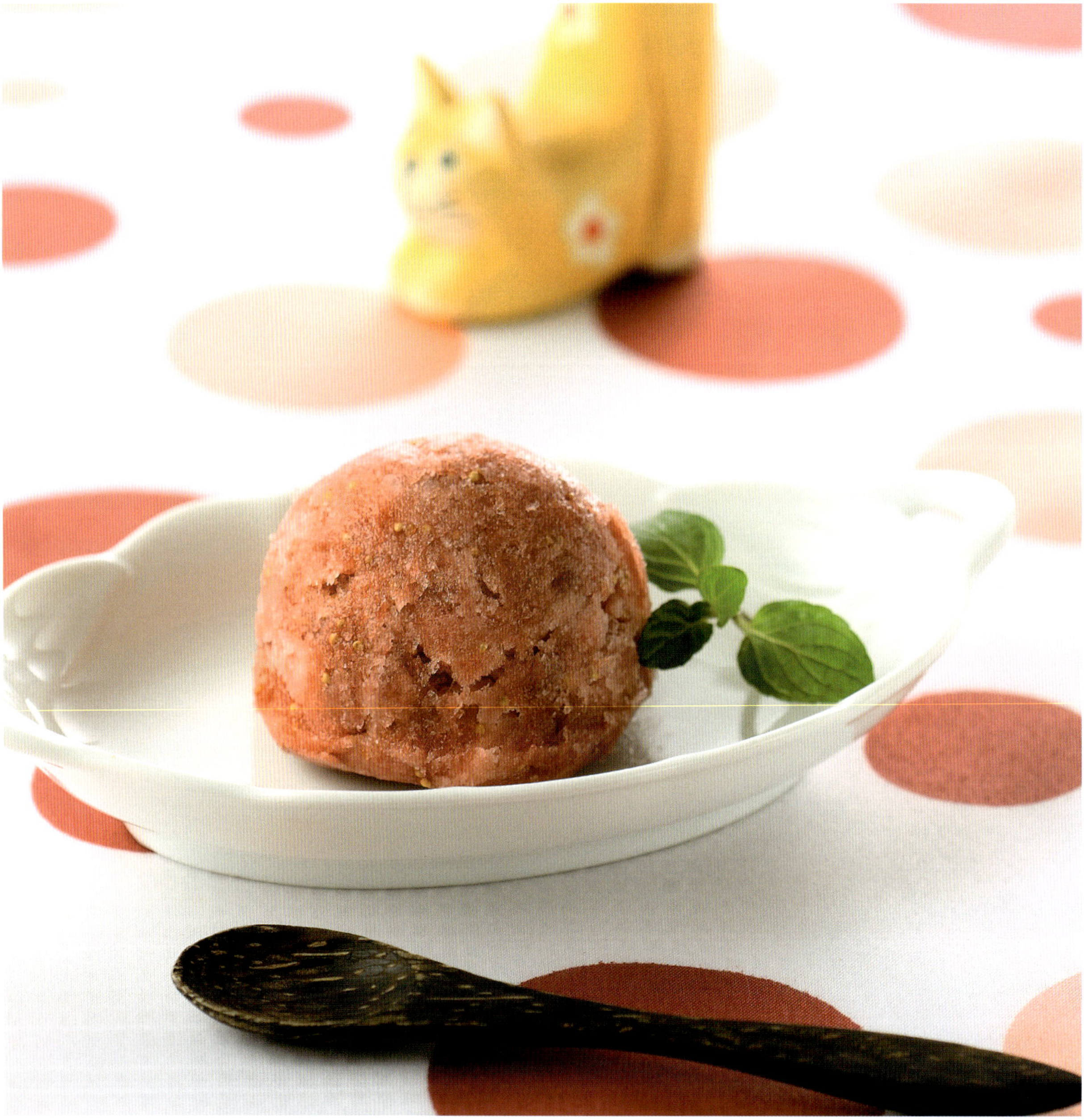

 **재료** | 2인분

무화과(껍질 벗긴 것) … 4개(260g)
레몬과즙 … 2작은술(10g)
사탕수수설탕 … 2큰술(20g)

 **원포인트 쿠킹**

끓인 다음 레몬과즙을 넣어야 진홍색으로 변해요. 레몬과즙 대신 구연산을 이용해도 좋답니다. 사탕수수설탕의 양은 과육의 단맛에 따라 조절하세요!

❶ 무화과는 껍질을 벗기고 매셔로 으깬다.

❷ 냄비에 ❶을 넣고 중불에서 조금 걸쭉해질 때까지 졸인다.

❸ 레몬과즙을 넣어서 진한 붉은색이 될 때까지 졸인다.

❹ 사탕수수설탕을 넣고 한소끔 더 끓인다.

❺ 불을 끄고 조심스럽게 배트에 붓는다.

❻ 냉동실에서 굳힌다. 중간에 포크로 2~3회 뒤섞어주며 얼리면 부드러운 셔벗이 된다. 기호에 따라 허브(분량 외)를 곁들인다.

Blueberry Clafoutis

블루베리 클라푸티

프랑스 사람들의 여름 디저트로 사랑받는 클라푸티입니다. 보기에도 정말 예쁘죠?
차게 해서 드셔보세요. 새로운 디저트 맛에 빠져들고 말 거예요.

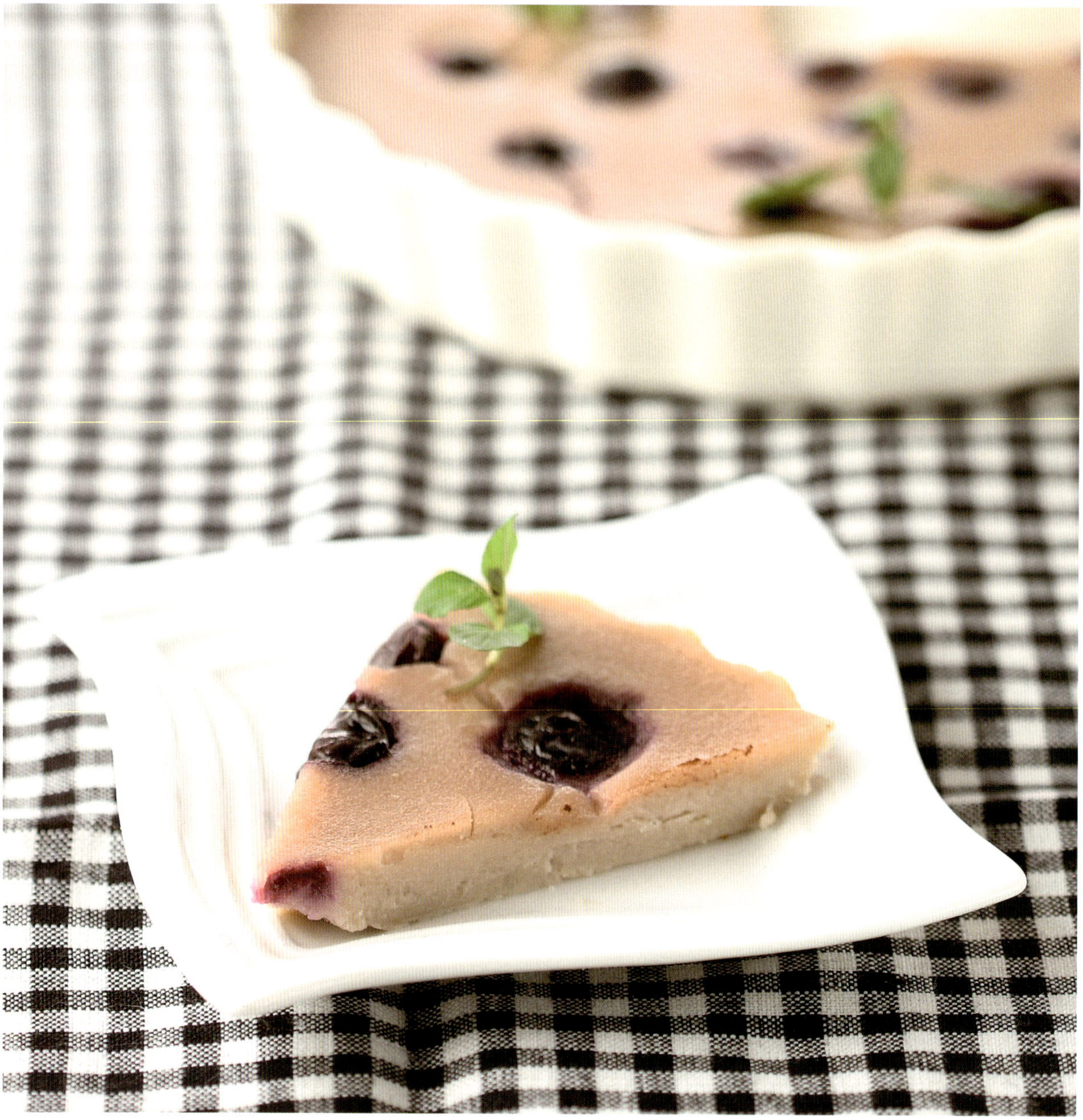

재료 | 직경 14cm 원형

아몬드가루 … 1컵(85g)
쌀가루 … 1/3컵(35g)
사탕수수설탕 … 4큰술(30g)
포도과즙(100% 주스도 가능) …
180cc(180g)
레몬과즙 … 2작은술(10g)
블루베리(냉동) … 40g

❶ 볼에 아몬드가루, 쌀가루, 사탕수수를 넣고 거품기로 잘 섞는다.

❷ 포도과즙을 조금씩 넣으며 멍울이 생기지 않도록 섞는다.

❸ 레몬과즙을 넣고 다시 잘 반죽한다.

❹ 내열접시에 유채씨유(분량 외)를 얇게 바른다.

원포인트 쿠킹

멍울이 생기지 않도록 과즙을 조금씩 넣으면서 거품기로 섞어주는 것이 포인트랍니다.

❺ ❸에서 준비한 반죽을 ❹에 붓는다.

❻ 블루베리를 언 상태로 ❺에 골고루 올리고, 160℃로 예열된 오븐에서 12분 정도 구워낸다. 잘 식힌 다음 자른다.

꽁꽁 과일 디저트

한꺼번에 많이 사서 처치 곤란이 되어버린 과일들. 상하기 전에 냉동실에 넣어 얼려두세요.
투명한 유리 볼에 담아내면 근사한 디저트로 재탄생한답니다.

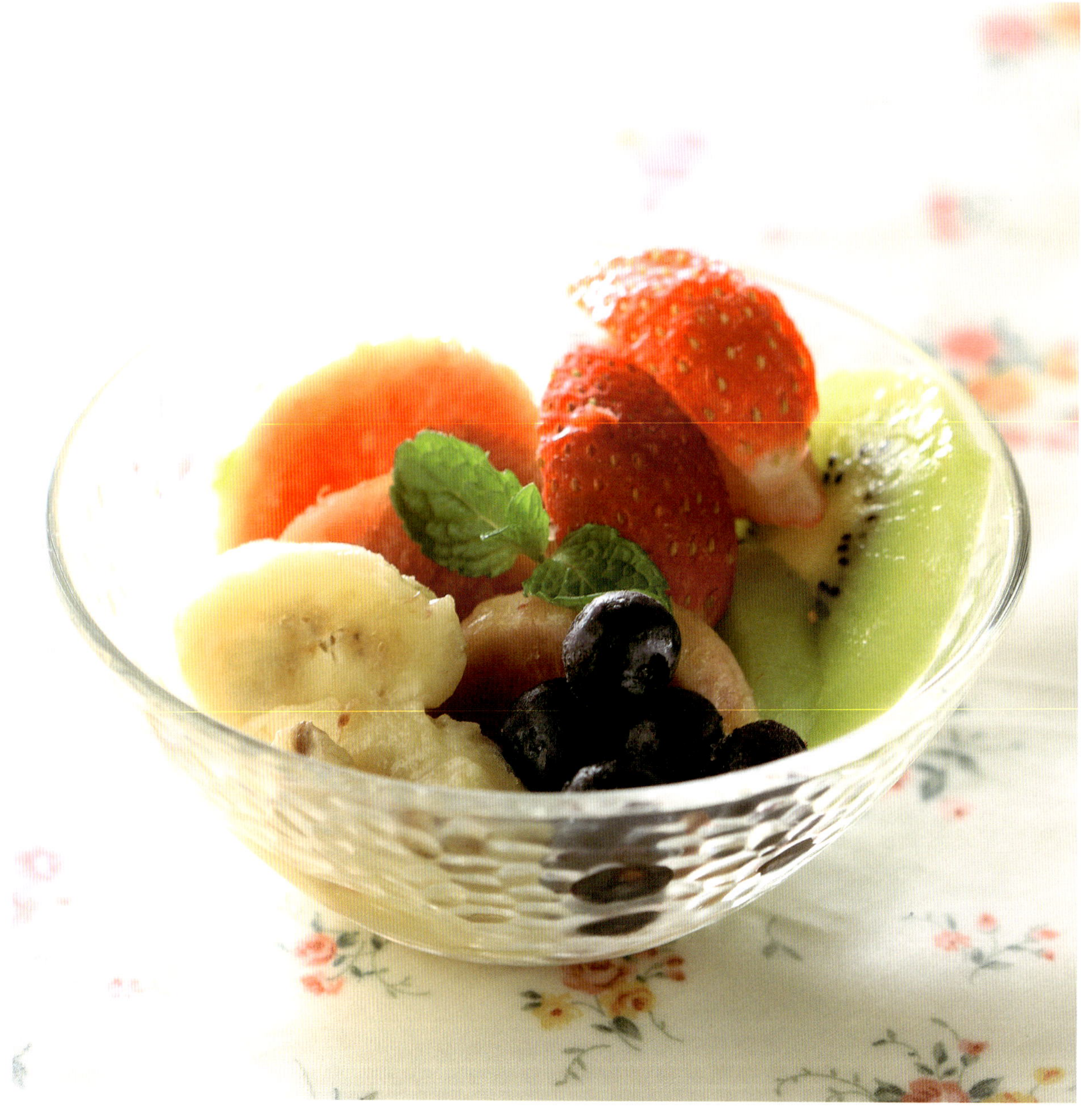

재료 | 2인분

무화과 … 1개
키위 … 1개
바나나 … 1개
블루베리 … 15알
딸기 … 2알

토핑
허브 … 적당량

❶ 무화과, 키위, 바나나는 껍질을 벗기고 동그랗게 썰어놓는다.

❷ 딸기는 꼭지를 떼고 4등분으로 자른다.

❸ 금속제 배트에 ❶과 ❷, 블루베리를 나란히 놓고, 냉동실에 넣어서 얼린다. 다 얼면 꺼내서 모양을 내서 올리고 허브 등으로 장식한다.

원포인트 쿠킹

금속제 배트 위에 올려서 얼리면 보다 짧은 시간 안에 얼릴 수 있답니다.

Honey Lime&Lemon Juice

벌꿀 라임&레몬주스

이런저런 과즙을 섞기만 해도 완성되는 간단한 주스. 식사 뒤의 텁텁한 입맛을 가셔주는 데 그만이죠.
벌꿀 대신 메이플시럽을 이용해도 좋답니다~

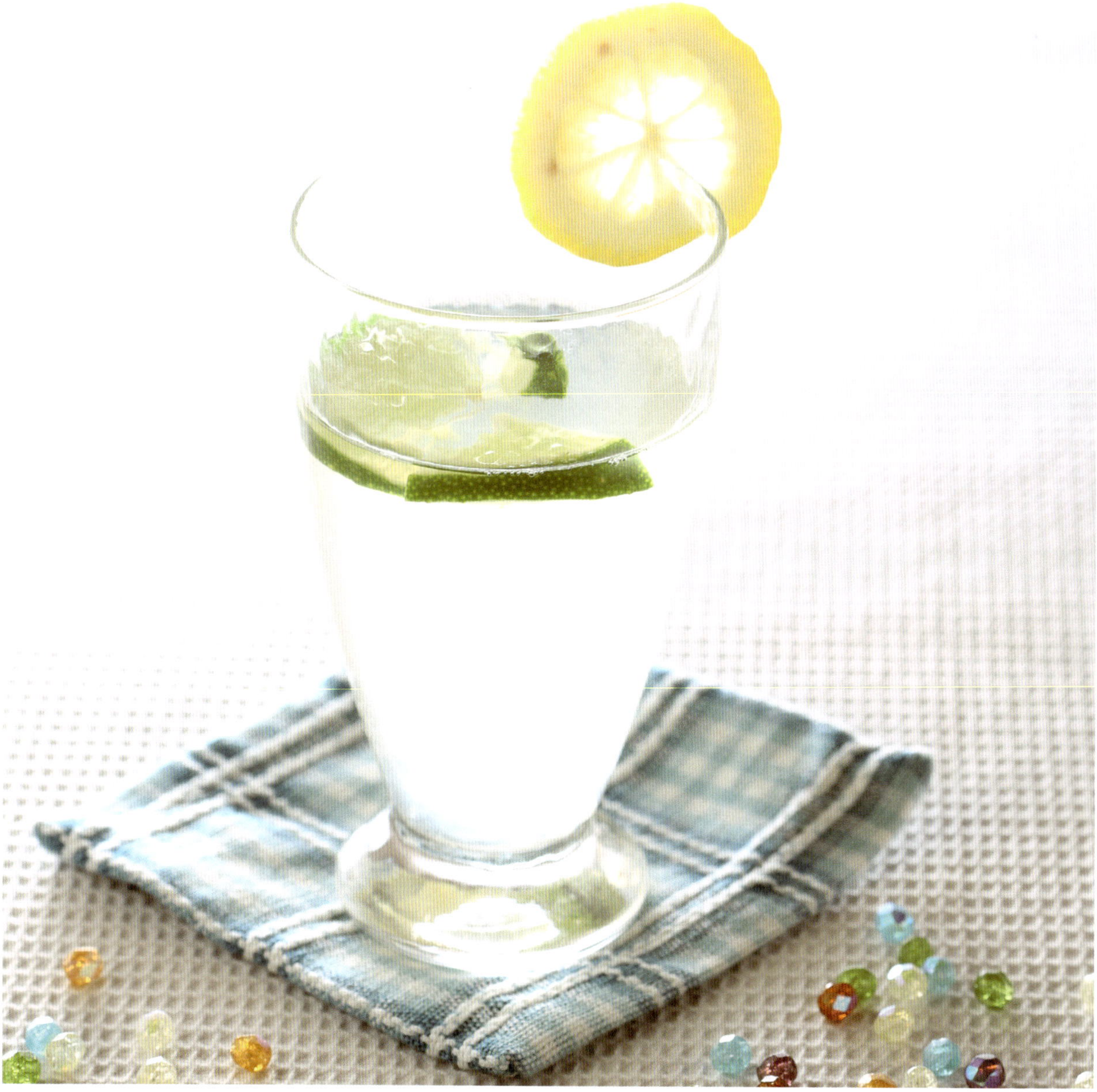

재료 | 2인분

라임&레몬과즙 ··· 합해서 2큰술(30g)
벌꿀 ··· 3큰술(55g)
물 ··· 250~300cc(1¼~1½컵)

❶ 라임과 레몬은 반으로 갈라 과
즙을 짜낸다.

❷ ❶과 벌꿀, 물 100cc 정도를
플라스틱 병에 넣는다.

❸ 뚜껑을 닫고 잘 흔들어서 벌꿀
이 녹으면 남은 물을 넣어 다
시 흔들어 섞은 다음 유리잔에
따른다.

원포인트 쿠킹

굳어버린 벌꿀은 따뜻한 물에 병째 넣고
중탕하듯 살살 흔들어 주면 쉽게 녹일
수 있답니다.

Citron Sherbet

유자 셔벗

벌꿀의 부드러운 단맛과 상큼한 유자의 새콤한 맛이 어우러진 셔벗입니다.
예쁜 컵에 담아 식사 뒤에 입가심으로 먹으면 유명 레스토랑 디저트가 부럽지 않아요.

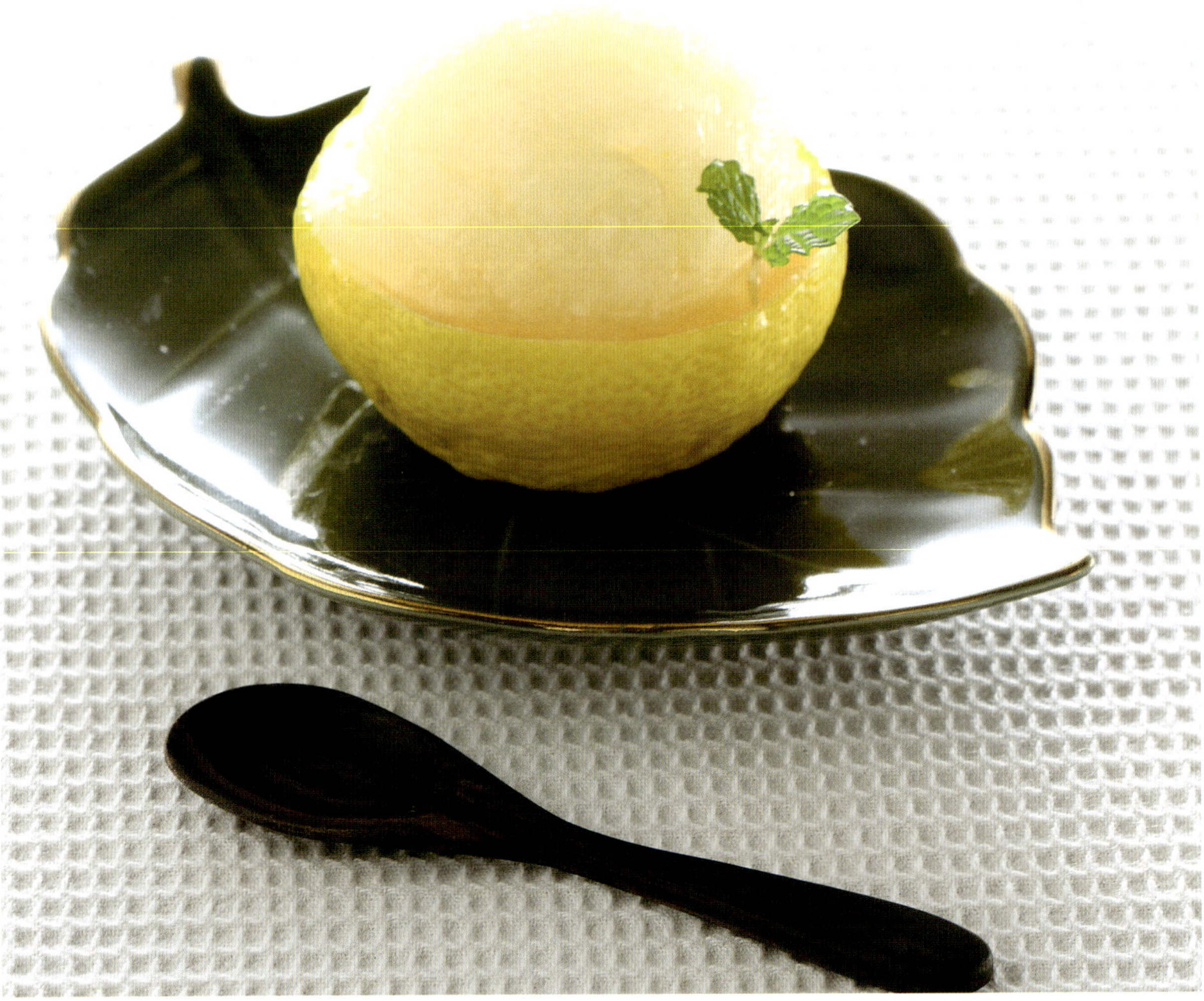

재료 | 2인분

유자과즙 … 1개분(약 25cc/약 25g)
물(과즙과 합해서 100cc가 되도록) …
약 75cc(75g)
벌꿀 … 3큰술(55g)
가루한천 … 1/3작은술(1g)
유자 껍질(간 것) … 소량

❶ 유자는 잘 씻어서 반으로 나눈 뒤 과즙을 짠다.

❷ 강판을 이용해 껍질을 간다(하얀 부분까지 갈면 쓴맛이 나기 때문에 노란색 부분만 사용할 것).

❸ 모든 재료를 냄비에 넣고 잘 섞은 다음 불에 올린다.

❹ 냄비 바닥을 잘 저어주면서 가볍게 졸인 뒤 불을 끄고 식혀서 배트에 흘려 담는다.

원포인트 쿠킹 --------------------------

과즙을 짜낸 껍질을 컵으로 이용해도 좋아요.
벌꿀을 사용하고 있으니 영유아, 달걀 알레르기가 심한 분은 주의하세요.

❺ 냉동실에서 굳힌다. 중간에 포크로 2~3회 뒤섞어주며 얼리면 부드러운 셔벗이 된다. 용기에 담고, 기호에 따라 허브(분량 외)를 곁들인다.

Sweet Persimmons Jelly

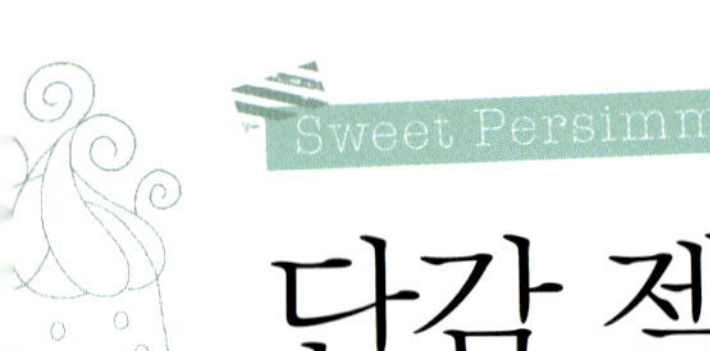

단감 젤리

단감의 농후한 맛과 레몬의 신맛을 더해서 만든 젤리입니다. 단감의 상큼한 주황색이 잘 보이도록 투명한 볼에 담아 대접해 보세요.

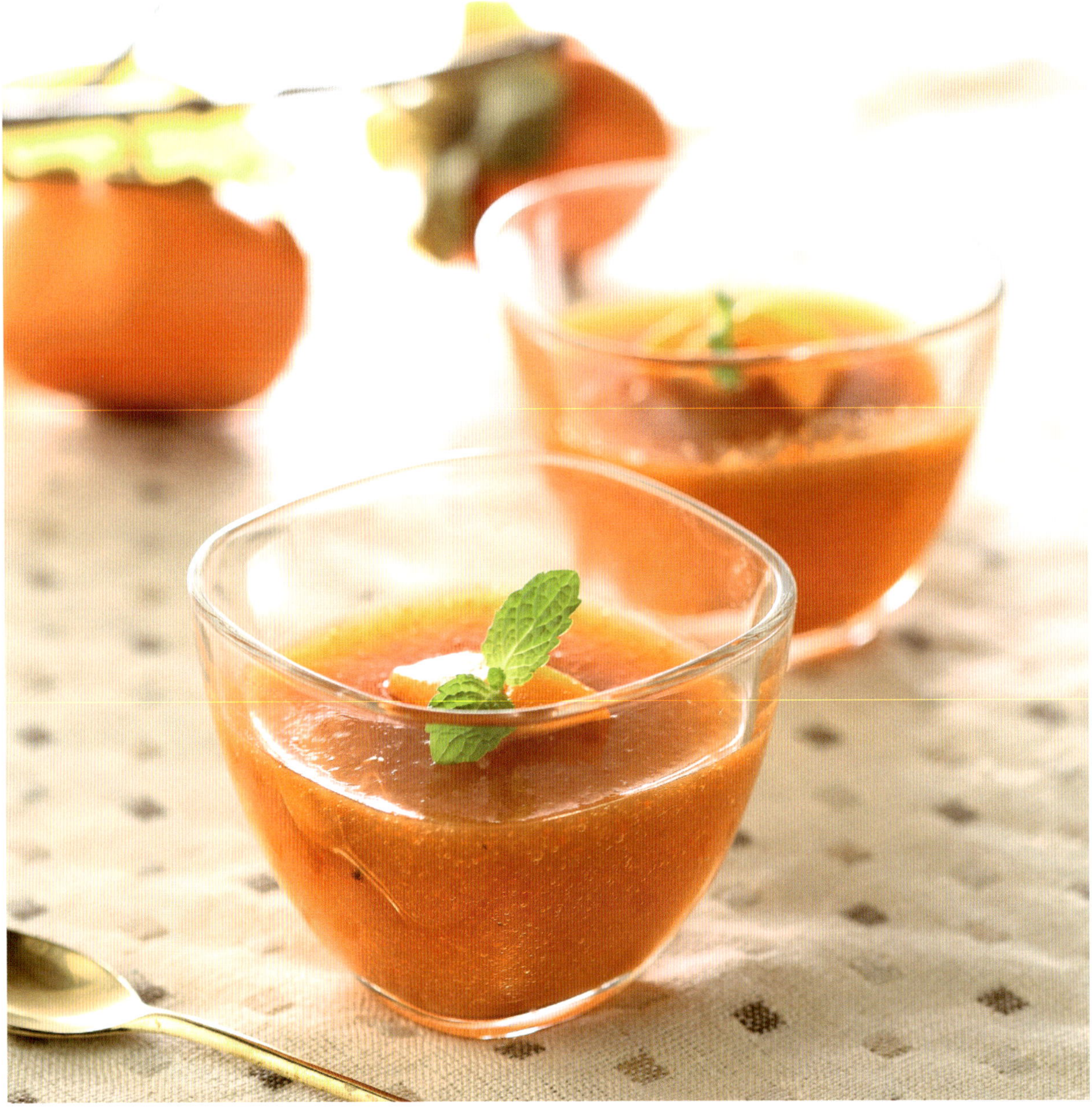

단감(잘 익은 것) ··· 큰 것 1개(170g 정도)

레몬과즙 ··· 1/2큰술(8g)

물 ··· 2큰술(30g)

사탕수수설탕(기호대로) ··· 1~2큰술 (약 10~20g)

가루한천 ··· 2/3작은술(2g)

토핑

허브 ··· 적당량

❶ 단감은 껍질을 벗기고 씨를 발라낸 다음 작게 자른다(장식용으로 조금 남겨둔다).

❷ 모든 재료를 믹서에 넣고 액체 상태가 될 때까지 간다.

❸ 냄비로 옮겨서 불에 올린다. 냄비 바닥을 저어가며 가볍게 졸인 다음 불을 끈다.

❹ 어느 정도 식으면 원하는 용기에 붓고 냉동실에서 굳힌다.

원포인트 쿠킹

단감의 숙성 정도에 따라 단맛이 달라지므로 사탕수수설탕의 양은 기호에 따라 조절하세요. 홍시는 굳히기 어려우므로 가루한천의 분량을 1.5~2배 늘려 주세요.

❺ ❶에서 따로 남겨둔 과육과 허브 등으로 장식한다.

Baked Apple with Prune

프룬을 넣어 구운 사과

프룬의 단맛과 새콤한 사과과즙이 환상적인 궁합을 이루는 디저트입니다.
알루미늄 포일로 감싸서 구워내기 때문에 사과의 선명한 색상이 유지된답니다.

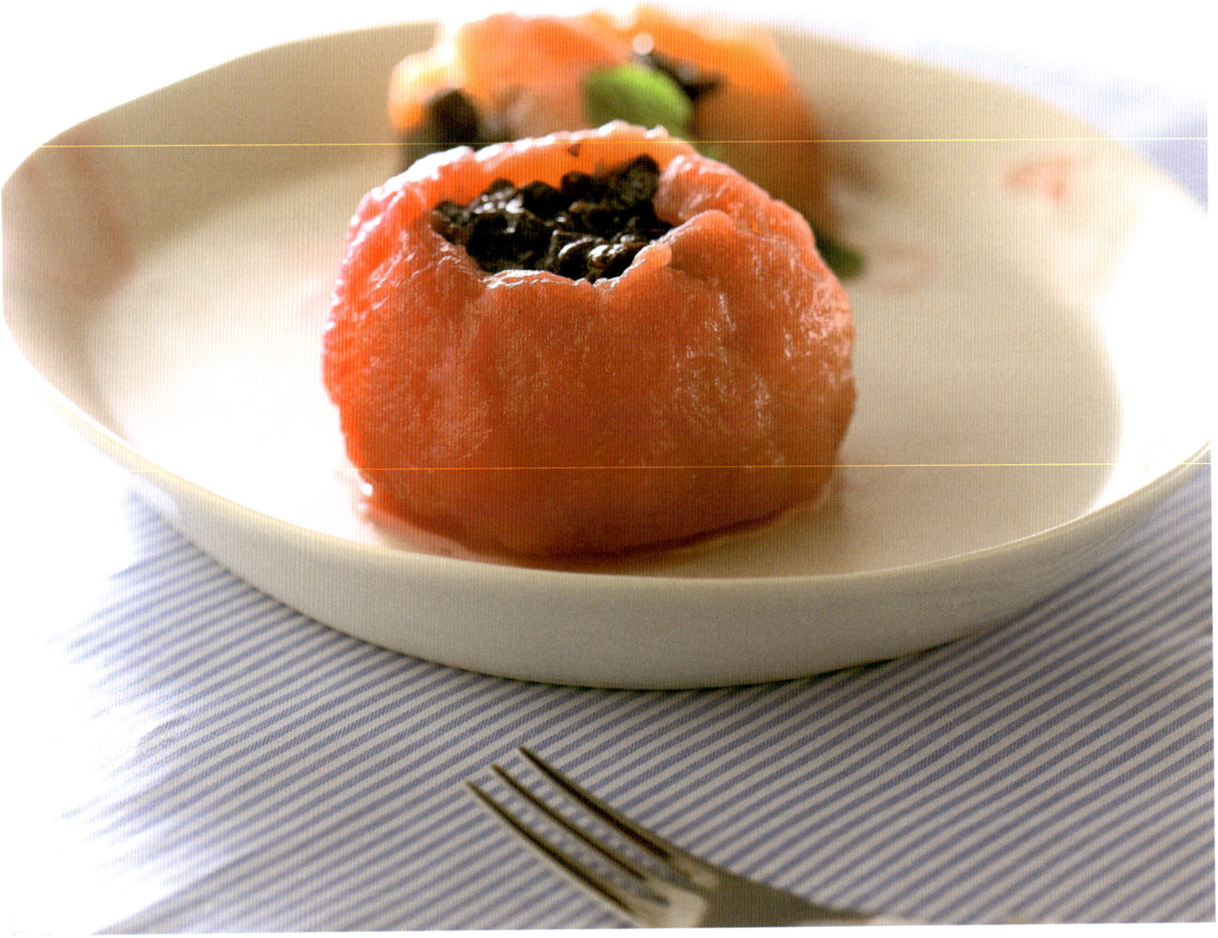

재료 | 2인분

사과(신맛이 강한 것) … 2개
프룬(씨 없는 것) … 4알

❶ 사과는 껍질째 잘 씻어서 가운데로 씨를 빼낸다(패티나이프로 꼭지 주변에 칼집을 넣고 숟가락으로 돌려가면서 파내면 된다).

❷ 프룬을 잘게 썰어서 사과 씨를 꺼낸 부분에 채워 넣는다.

❸ 알루미늄 포일 위에 사과를 놓고 통째로 감싼다.

❹ 220℃로 예열된 오븐에서 15~20분 정도 구워낸다. 어느 정도 식으면 포일을 제거한다.

원포인트 쿠킹

프룬은 부드럽고 과육이 두꺼운 것을 고르세요. 프룬과 사과를 살살 섞어서 함께 먹으면 더 맛있답니다.

❺ 냉장고에서 차갑게 식힌다. 껍질째라도 좋고, 껍질을 벗겨도 좋다. 기호대로 민트(분량 외)를 곁들여서 장식한다.

매일 사용하는 익숙한 프라이팬과
냄비, 찜기를 이용해 만드는 간단한 디저트입니다.
식후에 드실 수 있는 디저트나 가볍게 집어먹을 수 있는
간식 등 오븐을 사용하지 않고도 만들 수 있는
레시피 7종류를 모아 보았습니다.
생각나면 바로 만들 수 있는 것이니,
아침식사나 휴일의 브런치를 만들 때
생활 속 메뉴로 활용해 보세요.

오븐 없이 만드는
간식과 후식

Carrot Steamed Cake

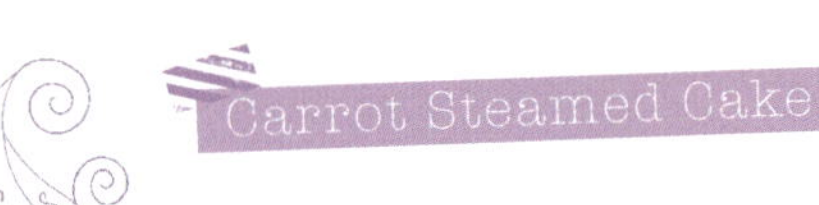

당근 찜케이크

당근을 싫어하는 아이들도 맛있게 먹을 수 있는 폭신한 케이크입니다.
당근과 파슬리로 당근 모양을 만들어 장식해 보세요. 아침식사나 브런치로 즐기기에도 그만입니다.

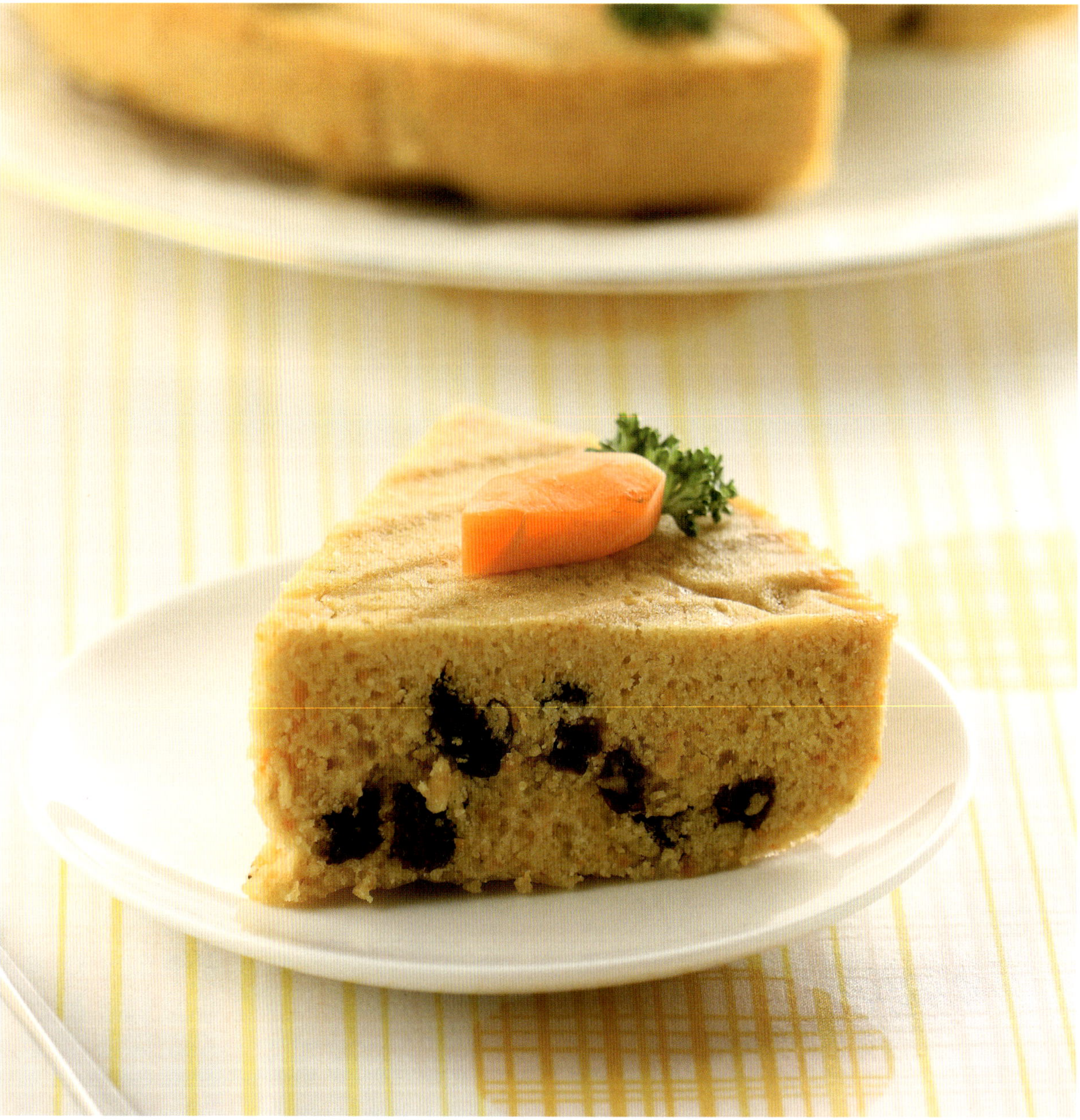

재료 | 직경 18cm 원형

당근 … 약 1/2개(120g)

사과과즙(100% 주스도 가능) … 1/2컵 (100g)

유채씨유 … 2.5큰술(25g)

사탕수수설탕 … 3/5컵(90g)

중조 … 1작은술(6g)

물 … 1/2작은술(2g)

레몬과즙 … 1/2작은술(2g)

쌀가루 … 1½컵(150g)

녹말가루 … 1/4컵(35g)

아몬드가루 … 2/5컵(35g)

건포도 … 50g

토핑

당근, 파슬리 … 적당량

원포인트 쿠킹

공기구멍을 열어놓지 않으면 속으로 공기가 들어가 반죽 전체가 부풀거나 구멍이 생길 수 있어요. 커다란 기포를 터트린다는 기분으로 꼬치를 넣습니다. 반죽의 표면에 녹색의 알맹이가 보일 수 있는데, 그건 중조 때문에 당근색이 변한 것뿐이랍니다.

❶ 건포도는 따뜻한 물에 담가 불려놓는다. 당근은 껍질째 잘 씻어서 모양대로 자른다.

❷ 당근, 사과과즙, 유채씨유, 사탕수수설탕을 푸드 프로세서에 넣고 잘 갈아서 액체 상태로 만든다. 물에 푼 중조에 레몬과즙을 넣고 다시 잘 섞는다.

❸ 볼에 쌀가루, 녹말가루, 아몬드가루를 넣고 가볍게 섞은 뒤 ❷를 넣어서 골고루 반죽한다.

❹ 쿠킹시트를 깐 틀을 찜기에 올리고 ❸의 절반을 붓는다.

❺ 남은 반에 ❶에서 불려놓은 건포도를 잘 섞은 다음, ❹위에 살며시 붓고 뚜껑을 닫은 뒤 강한 불에서 12분 정도 찐다.

❻ 찌는 중간에 5분 정도 지나면 뚜껑을 열고, 꼬치로 몇 군데 공기구멍을 뚫는다.

❼ 토핑용 당근을 모양 좋게 잘라 따로 쪄낸다.

❽ 다 쪄지면 그 상태로 식힌다. 완전히 식으면 뒤집어서 접시에 놓고 틀을 벗겨낸다. 당근과 파슬리로 장식한다.

Sweet Pumpkin Waffle

단호박 와플

으깬 단호박으로 반죽을 만들어 아주 촉촉한 와플입니다.
메이플 시럽이나 제철 과일 또는 아이스크림을 곁들여 보세요. 근사한 디저트가 완성됩니다.

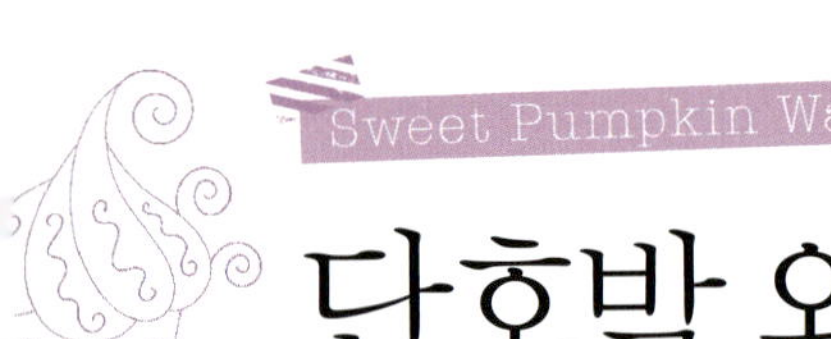

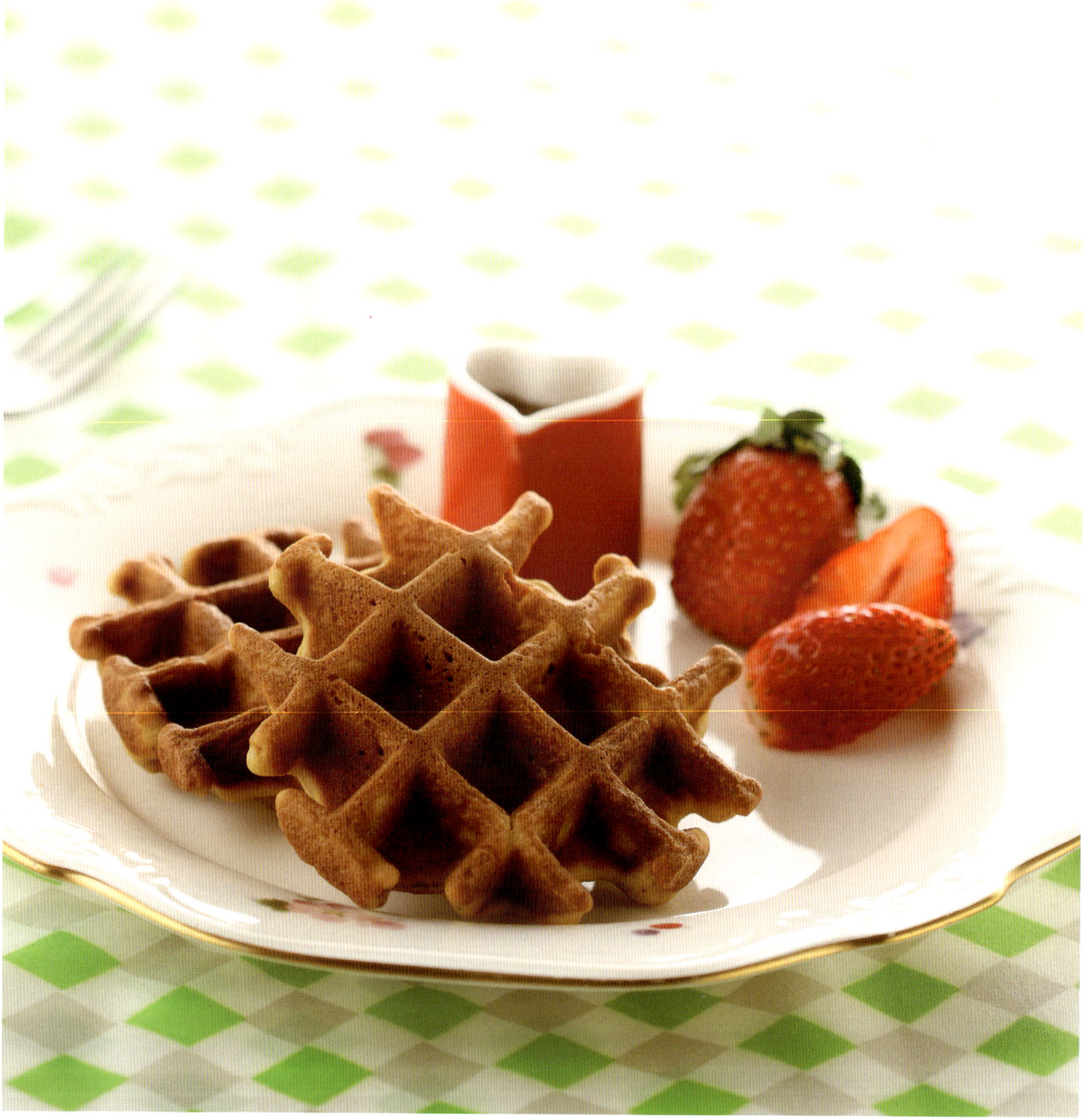

재료 | 3인분, 6개

단호박(껍질 벗긴 것) … 50g
쌀가루 … 2/3컵(65g)
아몬드가루 … 1/2컵(45g)
사탕수수설탕 … 3.5큰술(30g)
중조 … 1/3작은술(2g)
물 … 1/2작은술(2g)
레몬과즙 … 1작은술(5g)
코코넛밀크 … 1/2컵(100g)

원포인트 쿠킹

와플 팬에 반죽이 들러붙는 것 같으면 아직 덜 익은 거랍니다. 조금 더 구운 다음 꼬치 같은 것으로 살짝 벗겨내듯 떼어 내세요.

❶ 단호박은 작게 잘라 무를 때까지 삶아서 매셔로 잘 으깬다.

❷ 볼에 쌀가루, 아몬드가루, 사탕수수설탕을 넣고 가볍게 섞는다.

❸ 다른 볼에 중조를 넣고 물에 푼 다음, 레몬과즙과 코코넛밀크를 넣고 섞는다.

❹ ❷에 ❶과 ❸을 넣고 고무주걱으로 잘 반죽한다.

❺ 와플 팬을 약한 불에 올려서 달군 다음, ❹의 반죽을 부어서 뚜껑을 닫고 약한 불에서 색이 변할 때까지 굽는다.

❻ 뒤집어서 반대쪽 면을 굽는다. 기호에 따라 과일, 잼, 시럽(분량 외) 등을 곁들여 담아낸다.

Banana Pancake

바나나 팬케이크

밀가루를 넣지 않아도 촉촉한 팬케이크입니다.
바나나를 넣으면 잘 굳지 않으니까 더욱 좋답니다. 적당한 크기로 구워 예쁜 접시에 담아내 보세요.

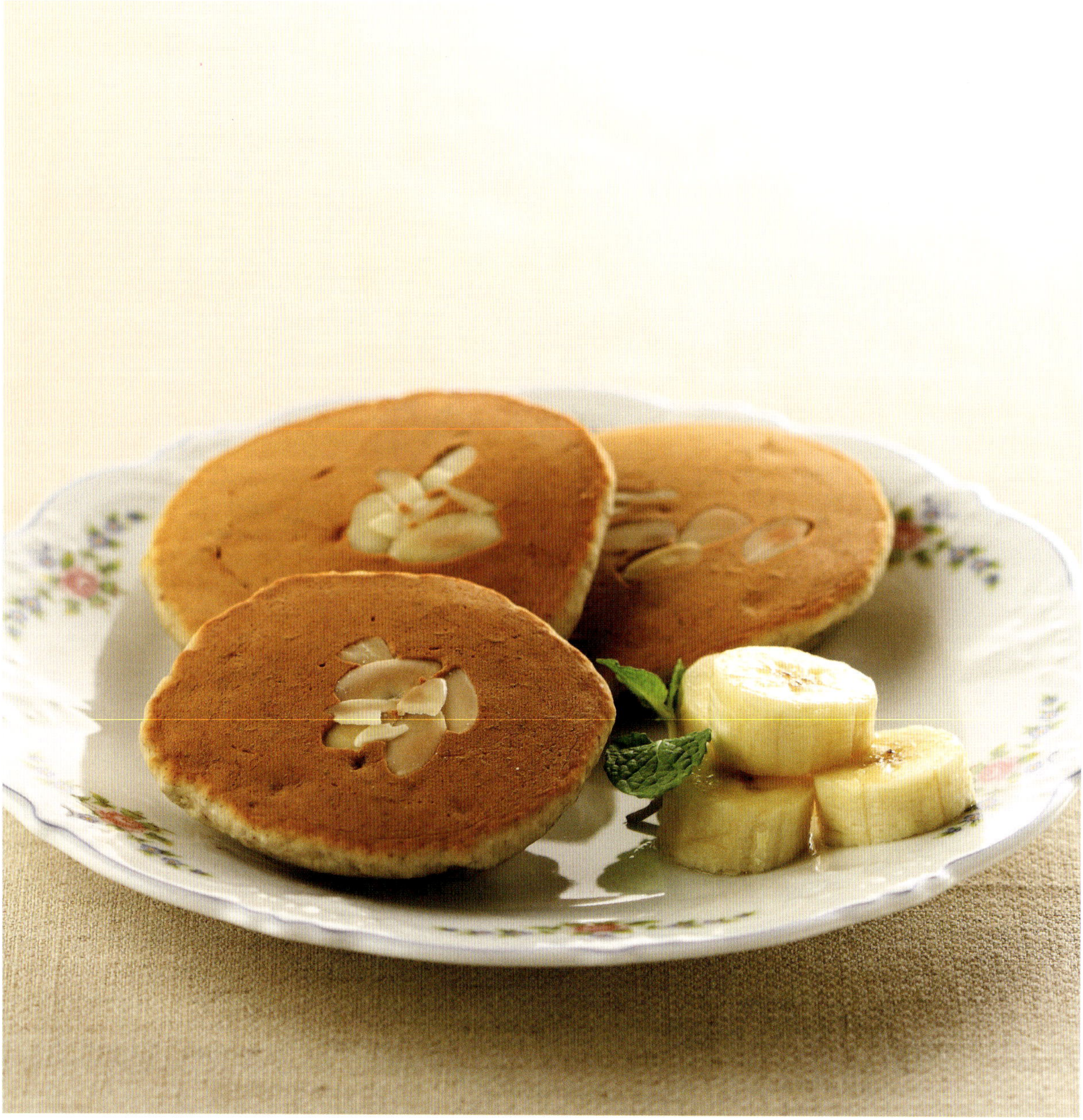

재료 | 3인분, 6장

바나나(껍질 벗긴 것) … 약 100g(큰
것 1개)
쌀가루 … 1/2컵(50g)
아몬드가루 … 1/3컵(30g)
녹말가루 … 1/3컵(45g)
사탕수수설탕 … 2큰술(20g)
중조 … 1/2작은술(3g)
물 … 1/2작은술(2g)
레몬과즙 … 1작은술(5g)
코코넛밀크 … 2큰술(30g)
유채씨유 … 1/2큰술(5g)

토핑
슬라이스 아몬드 … 적당량

원포인트 쿠킹

약한 불에서 천천히 구워야 균일하고
예쁜 색이 나와요. 유채씨유를 얇게
바르면 타는 것을 방지할 수 있어요.

❶ 볼에 쌀가루, 아몬드가루, 녹
말가루, 사탕수수설탕을 넣고
가볍게 섞는다.

❷ 다른 볼에 중조를 넣고 물로
푼 다음 레몬과즙, 코코넛밀
크, 유채씨유를 차례대로 넣고
잘 섞는다.

❸ ❶에 바나나를 넣고 매셔로 으
깨면서 가루를 반죽해 나간다.

❹ 바나나가 모두 으깨지면 ❷를
넣고 거품기로 꼼꼼하게 섞는다.

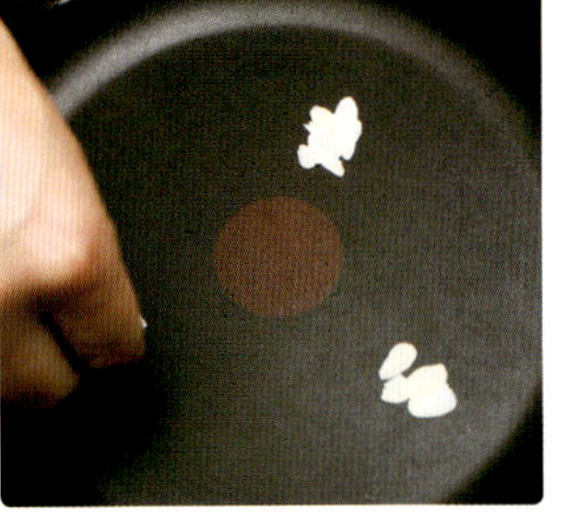

❺ 프라이팬을 약한 불에 달구고,
슬라이스 아몬드를 몇 개 놓
고 그 위에 ❹를 한 국자 떠놓
는다. 약한 불에서 천천히 굽
는다.

❻ 기포가 생기면서 표면의 물기
가 없어지면 뒤집개로 뒤집어
서 나머지 한쪽 면도 천천히
굽는다. 기호에 따라 허브나
바나나(분량 외) 등을 곁들인다.

캐러멜 너트 바

사탕수수설탕으로 직접 만든 캐러멜에 코코넛밀크를 넣어 만드는 막대 모양 쿠키입니다.
굳으면 딱딱할 수 있으니 얇게 펴서 만드는 것이 포인트!

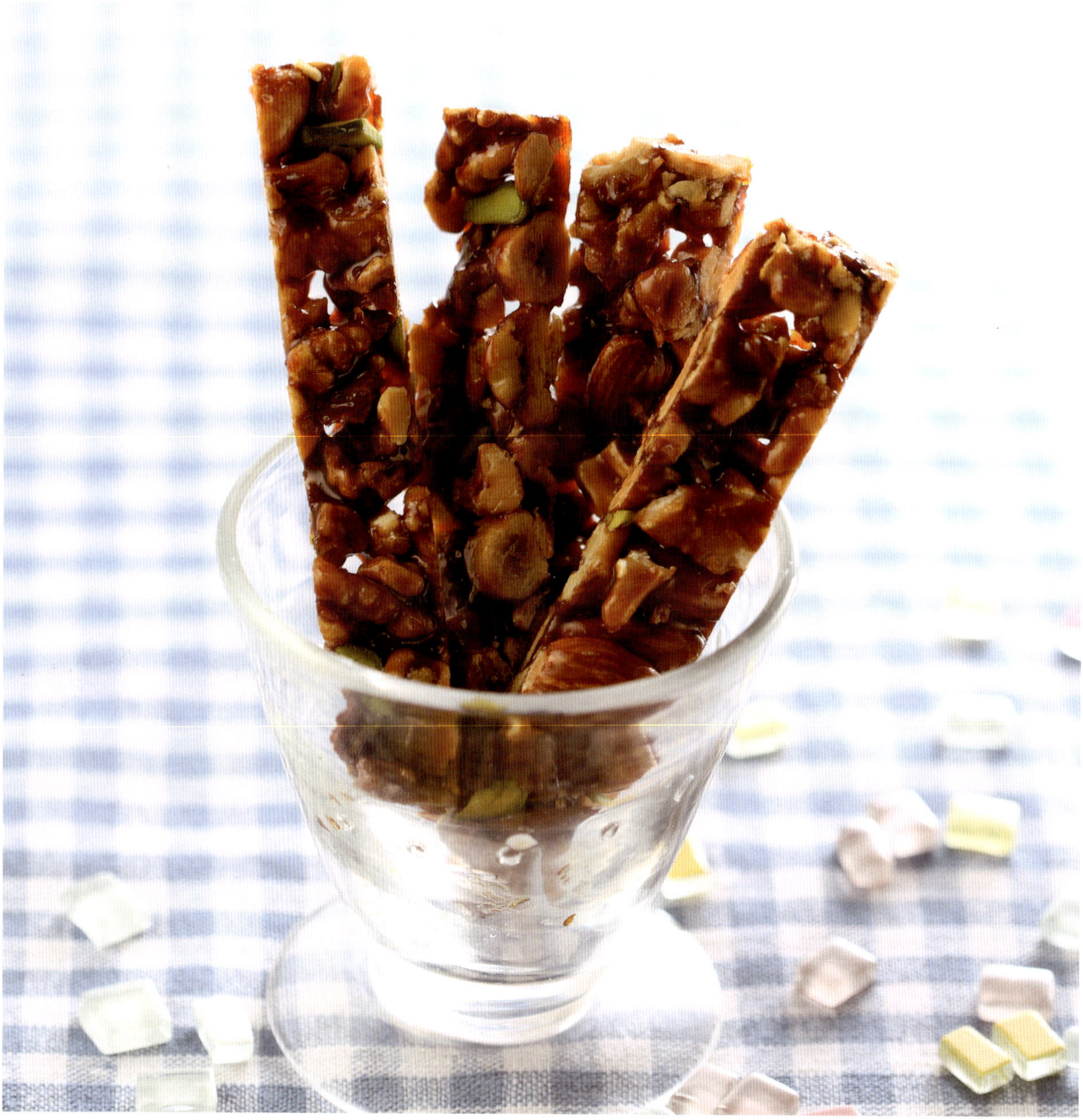

재료 | 10cm 바 5~6개분

너트류(볶은 것) … 100g(약 1컵)
사탕수수설탕 … 1/3컵(45g)
코코넛밀크 … 2큰술(30g)
벌꿀 … 1/2큰술(9g)

❶ 사탕수수설탕을 냄비에 넣고 불에 올린다. 냄비를 살살 흔들어 가면서 사탕수수설탕을 녹인다.

❷ ❶이 캐러멜 색으로 변하기 시작하면 코코넛밀크를 넣는다 (치익 소리를 내면서 수분이 날아가니 주의). 캐러멜을 풀어 늘리듯이 섞으면서 졸인다.

❸ 벌꿀을 넣어 한 번 더 졸인다.

❹ 물에 한 방울 떨어뜨려 보아서 바로 단단해질 정도로 졸아들면 불을 끄고 너트를 넣어서 재빨리 섞는다.

원포인트 쿠킹

먹기 좋은 크기로 자른 다음 냉장고에 넣으세요. 완전히 굳은 다음에는 자르기가 무척 힘들답니다.
너트는 호두, 캐슈너트, 마카다미아너트, 아몬드, 피스타치오 등 좋아하는 것으로 골고루 선택하면 됩니다.
벌꿀을 사용하고 있으니 영유아, 달걀 알레르기가 심한 분은 주의하세요.

❺ 너트에 캐러멜이 스며들면 쿠킹시트 위에 옮겨서 10×15cm 정도의 직사각형 모양을 만든다.

❻ 어느 정도 식으면 칼로 자른다 (체중을 실어 단번에 자르면 부서지지 않는다). 냉동실에 넣어 차게 해서 먹는다.

추로스

놀이공원에 가면 꼭 사 먹게 되는 추로스! 이제 집에서 직접 간단하고 건강하게 만들어 보세요.
밖에서 사서 먹는 것보다 훨씬 맛있고 고소하답니다.

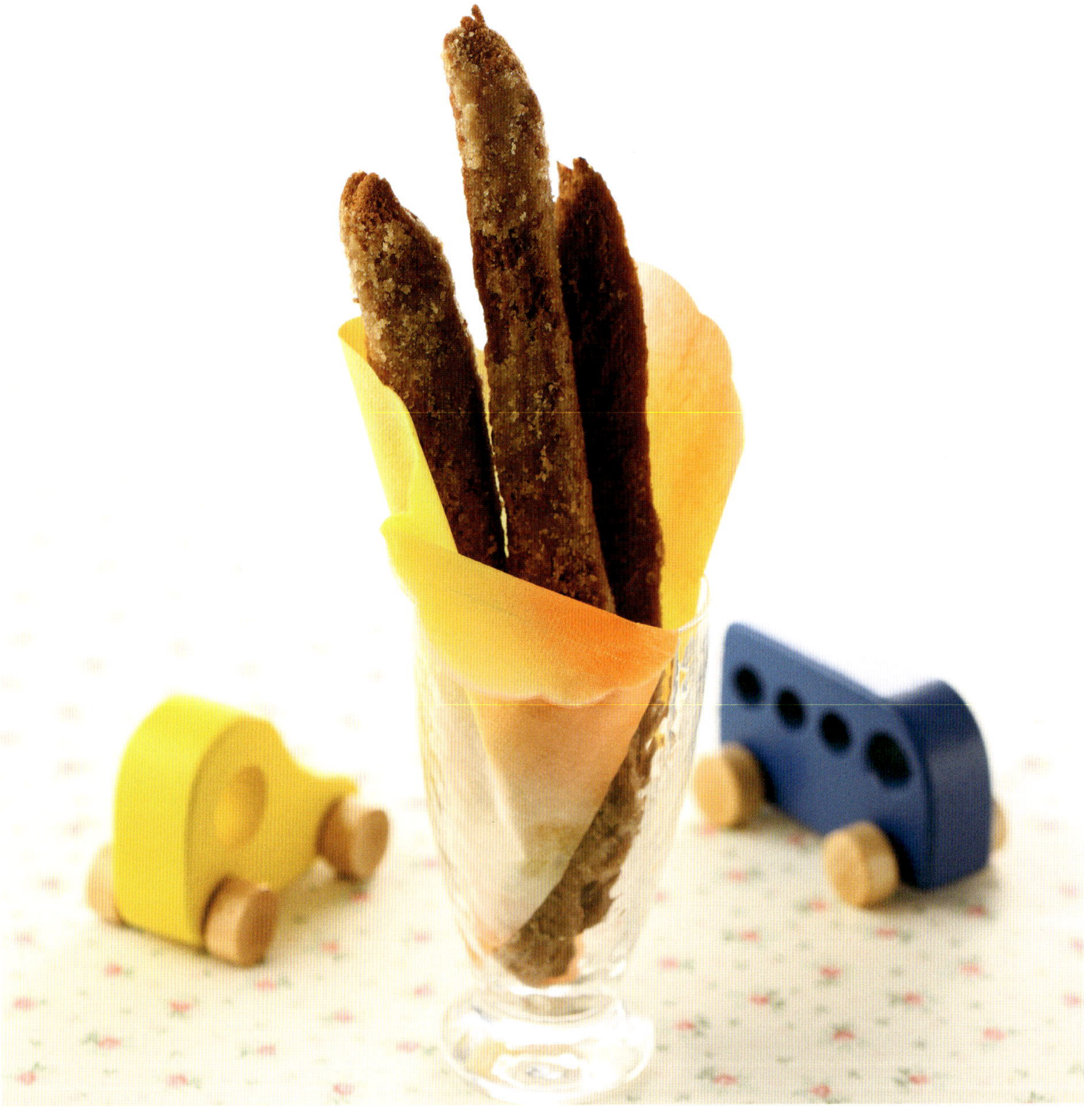

재료 | 3인분, 9개

쌀가루 … 1/2컵(50g)
아몬드가루 … 1/2컵(40g)
사탕수수설탕 … 3.5큰술(30g)
중조 … 1/3작은술(2g)
물 … 1/2작은술(2g)
레몬과즙 … 1작은술(5g)
코코넛밀크 … 1/4컵(50g)
유채씨유(튀김용) … 적당량

토핑
사탕수수, 코코아가루, 계핏가루 … 적당량

원포인트 쿠킹

반죽이 너무 무르면 겉모양이 예쁘게 안 나와요. 쌀가루에 따라 수분 양이 다르기 때문에 코코넛밀크의 양을 조절해서 짜기 쉬운 점도로 만드세요.

❶ 볼에 쌀가루, 아몬드가루, 사탕수수설탕을 넣고 가볍게 섞는다.

❷ 다른 볼에 중조를 물에 넣고 푼 다음 레몬과즙, 코코넛밀크를 넣고 섞는다.

❸ ❶에 ❷를 넣고 고무주걱으로 잘 반죽한다(짜기 쉬운 점도가 되도록 코코아밀크의 양을 조절하면 좋다).

❹ 큰 별모양 깍지를 낀 짤주머니에 반죽을 넣고, 쿠킹시트 위에 15cm 정도 길이로 짜낸다.

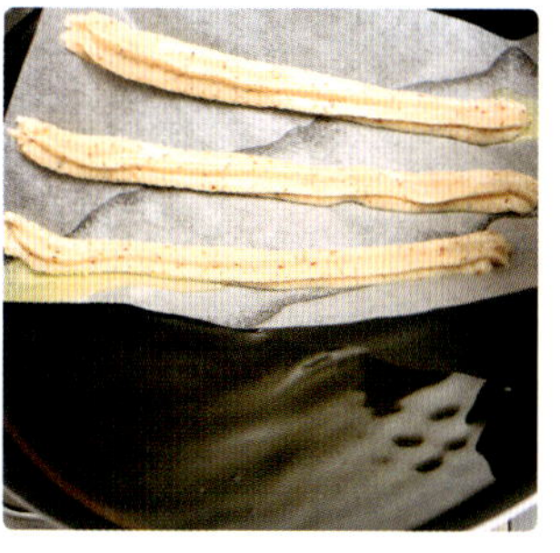

❺ 프라이팬에 유채씨유를 달군 뒤 ❹를 쿠킹시트째로 기름 안에 넣는다. 잠시 뒤 시트가 벗겨지면 빼내고 돌려가면서 색이 잘 나도록 튀긴다.

❻ 기름을 빼고 식힌 다음, 기호에 따라 사탕수수설탕, 코코아가루, 계핏가루 등을 뿌린다.

Corn Steamed Bread

옥수수 찐빵

달콤하고 고소한 향이 가득한 반죽 안에 옥수수 알갱이를 듬뿍 넣어 만드는 찐빵! 색깔도 예쁘고 마치 옥수수 수프를 마시는 것처럼 부드러운 맛이랍니다.

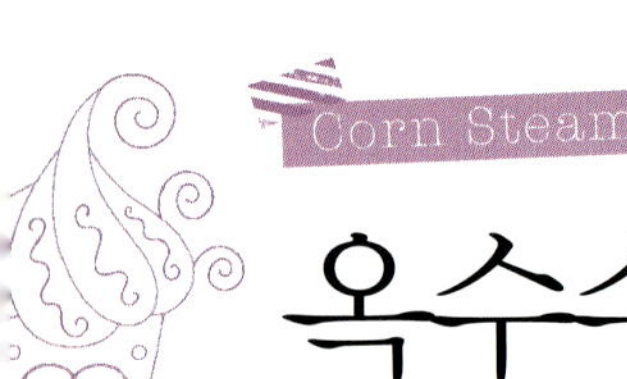

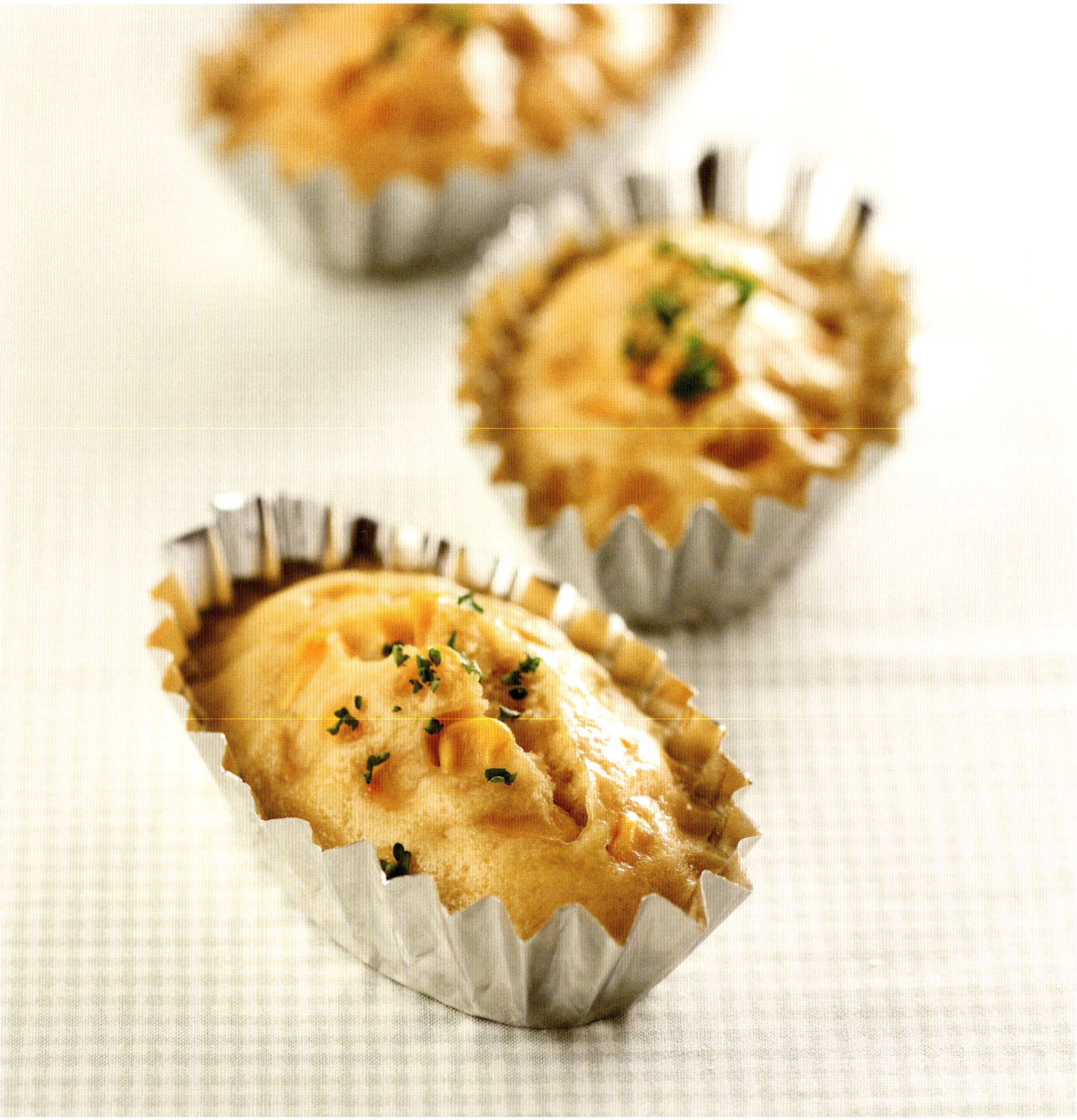

재료 | 알루미늄 포일 컵 6개

쌀가루 … 1/2컵(50g)
옥수수가루 … 1/2컵(50g)
사탕수수설탕 … 1/3컵(45g)
중조 … 1/2작은술(3g)
물 … 80cc(80g)
레몬과즙 … 1/2작은술(2g)
스위트콘(알갱이) … 30g

토핑
파슬리 … 약간

원포인트 쿠킹

따뜻할 때 먹어야 옥수수의 향과 맛을
보다 진하게 즐길 수 있답니다.

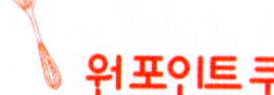

❶ 쌀가루, 옥수수가루, 사탕수수
설탕을 볼에 넣고 가볍게 섞
는다.

❷ 다른 볼에 중조를 물에 풀고
레몬과즙을 넣어 섞은 다음 ❶
의 볼에 넣고 거품기로 잘 섞
는다.

❸ 스위트콘을 넣은 뒤 섞는다.

❹ 원하는 컵(알루미늄 포일 컵, 유리컵
등)에 담는다.

❺ 찜기에 넣고 강한 불로 12분
정도 찐다.

❻ 중앙 부분을 꼬치로 찔러 보아
아무것도 묻어 나오지 않으면
완성. 잘게 썬 파슬리로 토핑
을 해서 마무리한다.

Almond Dragee

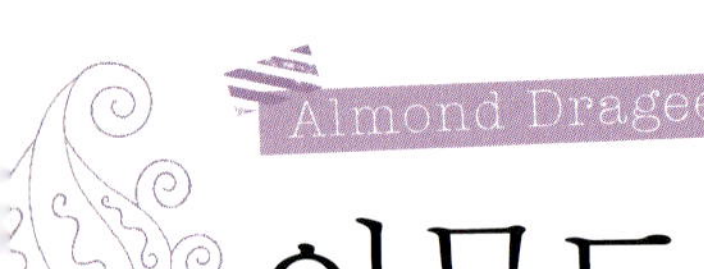

아몬드 드라제

견과류에 설탕 옷을 입혀 만드는 드라제. 한 입 크기로 만들어 두면 자꾸만 손이 가는 아몬드 과자랍니다. 예쁘게 포장해서 선물하면 모두가 행복해져요.

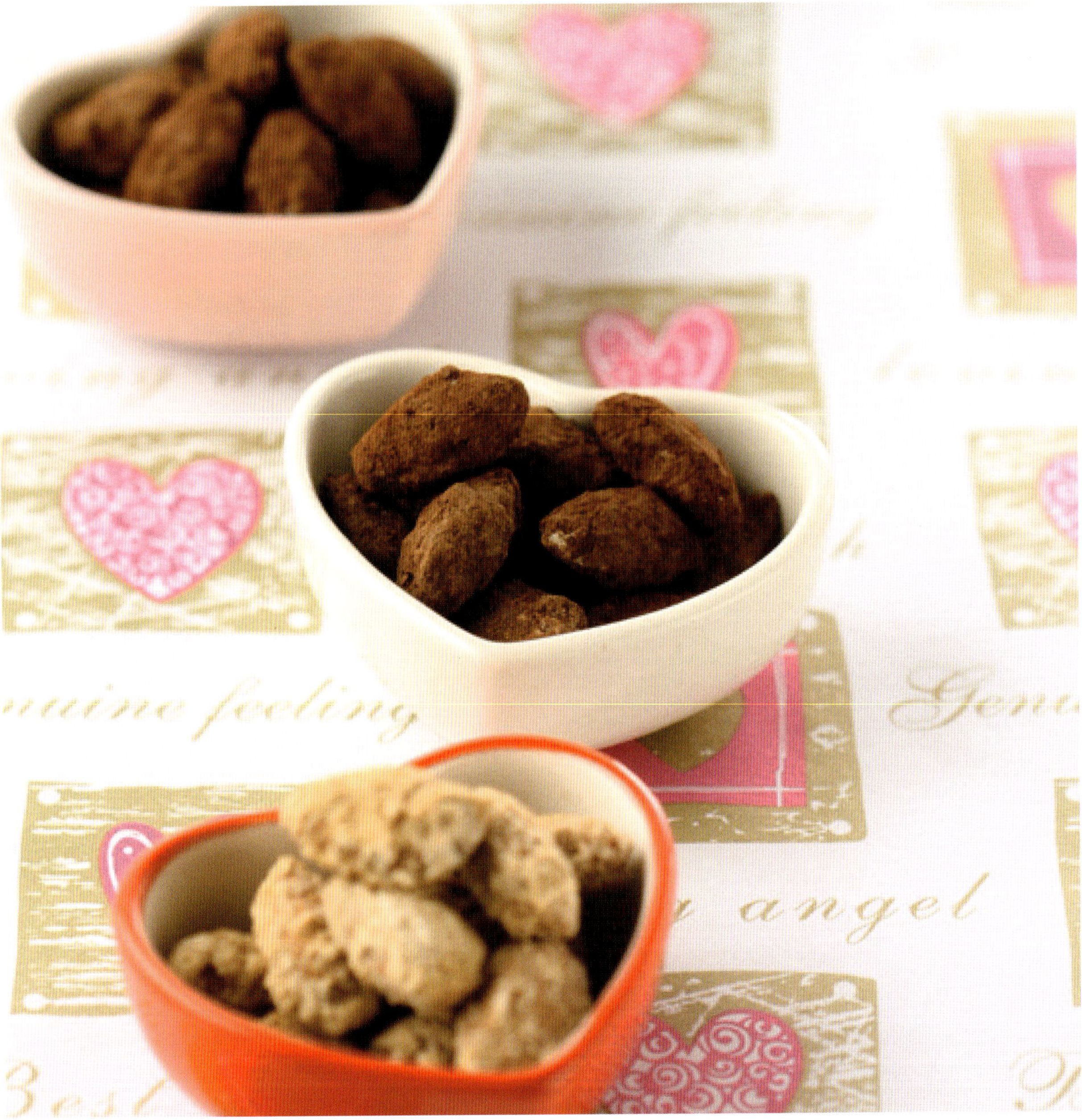

재료 | 5인분

코코아 맛

아몬드(볶은 것) … 약 40알(40g)
사탕수수설탕 …3.5큰술(30g)
물 … 1큰술(15g)
코코아가루 … 1큰술(6g)

계피 맛

아몬드(볶은 것) … 약 40알(40g)
사탕수수설탕 …3.5큰술(30g)
물 … 1큰술(15g)
계핏가루 … 1/2작은술(1g)

원포인트 쿠킹 ·····················

굳기 쉬우니까 아몬드를 나무주걱으로
끊임없이 굴려주어야 한답니다.

❶ 냄비에 사탕수수설탕과 물을
넣고 중간 불에서 졸인다.

❷ 젓가락에 시럽을 묻혀서 벌렸
을 때 1cm 정도 늘어질 때까지
졸이고 불을 끈다.

❸ ❷의 냄비에 아몬드를 넣고 시
럽이 골고루 묻도록 나무주걱
으로 재빨리 섞어준다.

❹ 사탕수수설탕이 굳어서 하얗
게 될 때까지 냄비 안에서 아
몬드를 계속 굴려준다.

❺ 표면이 말라서 굳으면 볼에 옮
기고, 아직 따뜻할 때 코코아
가루 또는 계핏가루를 뿌린다.

반죽해서 굽기만 해도 완성되는 초간단 케이크도 좋지만,
가끔은 제과점 케이크처럼 멋을 내고 싶다면?
아주 작은 노력으로 좀 더 특별한 케이크를 만들 수 있습니다.
생일이나 크리스마스처럼 특별한 날에 추천하는
7종류의 스페셜 케이크!
디자인이나 데코레이션은 마음대로 바꿀 수 있습니다.
나만의 멋진 케이크를 구워 보세요.
생과일이나 허브를 장식하는 것만으로도
한층 화려해진 케이크를 만날 수 있답니다.

제과점 스타일로 만든

특별한 케이크

Mont Blanc

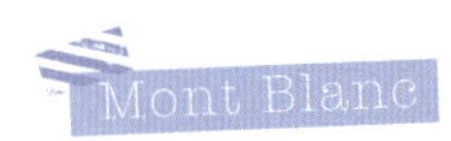

몽블랑

단밤은 그냥 먹어도 맛있지만 몽블랑을 만들어 먹으면 그 맛이 더욱 특별하답니다.
단밤이 듬뿍 든 달콤한 몽블랑과 함께 가을밤이 깊어갑니다.

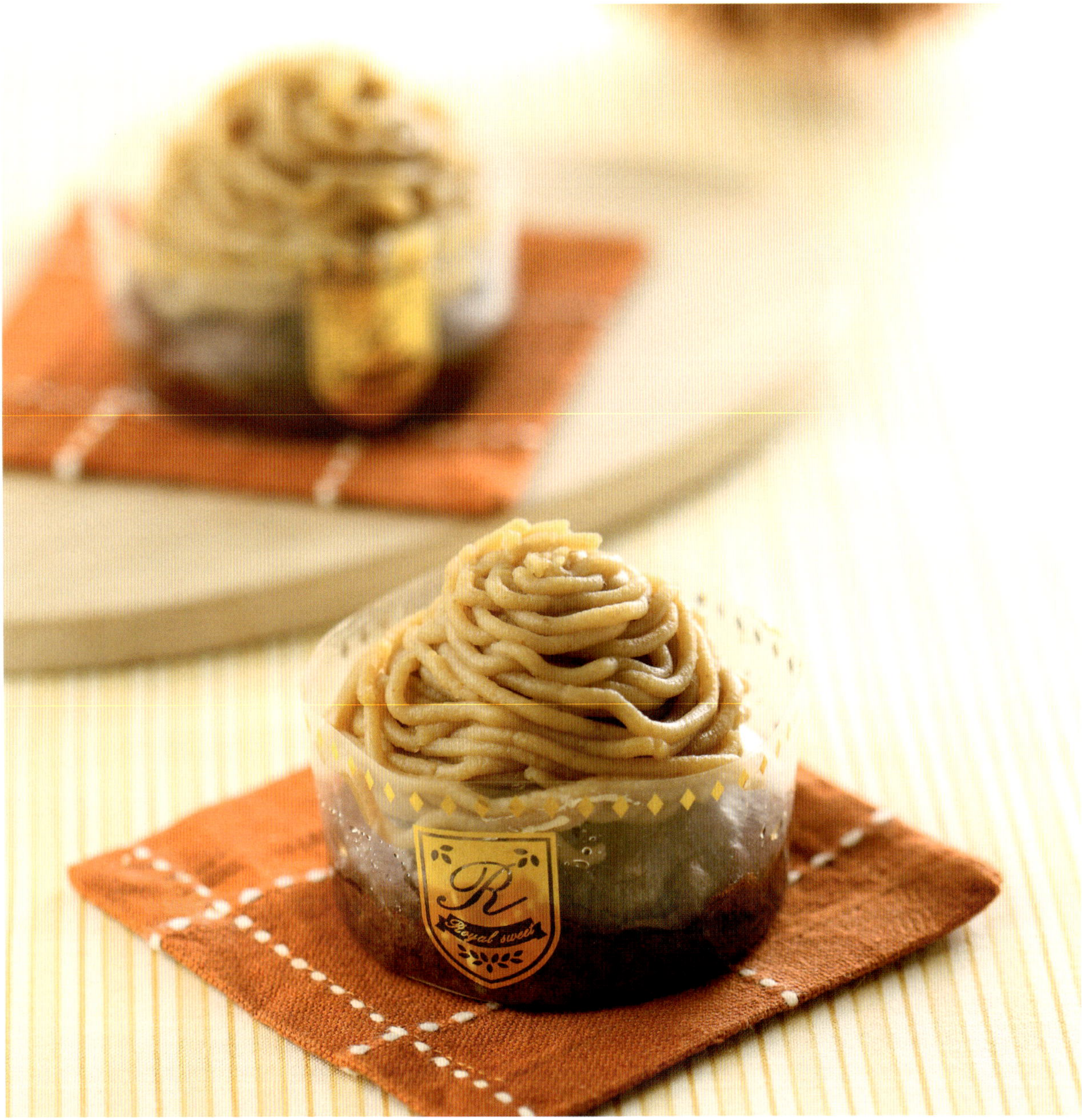

재료 | 미니 컵 5개분

스펀지 반죽

쌀가루 … 1/2컵(50g)

아몬드가루 … 2/5컵(35g)

코코아가루 … 1큰술(6g)

사탕수수설탕 … 4큰술(35g)

물 … 1/2작은술(2g)

중조 … 1/4작은술(1.5g)

레몬과즙 … 1작은술(5g)

유채씨유 … 2큰술(20g)

코코넛밀크 …60cc(60g)

깐 밤 … 30g(약 5알)

단밤 크림

삶은 밤(껍질 벗긴 것) … 200g

사탕수수설탕 …4큰술(35g)

물 … 1/3~1/2컵(75~100g)

원포인트 쿠킹

껍질이 있는 생밤은 압력솥(약한 불)에서 20분 정도 삶아요. 잠시 뜸을 들인 뒤 따뜻할 때 패티나이프를 이용하면 간단히 껍질을 벗길 수 있답니다.

❶ 볼에 쌀가루, 아몬드가루, 코코아가루, 사탕수수설탕을 넣어 섞는다.

❷ 다른 볼에 중조를 물에 풀고 레몬과즙, 유채씨유, 코코넛밀크를 차례로 넣어 잘 섞는다.

❸ ❶에 ❷를 넣고 거품기로 잘 섞는다. 거칠게 부순 단밤을 넣는다.

❹ 작은 베이킹 컵에 반죽을 담고 170℃로 예열된 오븐에서 12분 정도 구워낸다.

❺ 삶은 밤은 살짝 데쳐 체에 으깬다. 냄비에 사탕수수설탕과 물을 넣고 불에 올려서 시럽을 만들고, 체에 거른 밤을 넣어 잘 반죽한다(물의 양을 조절하여 짜기 쉬운 점도로 만든다).

❻ 몽블랑용의 깍지를 낀 짤주머니에 ❺의 반죽을 넣고 ❹ 위에 보기 좋게 짜낸다.

Fig&Apple Crumble Cake

무화과&사과 크럼블 케이크

달콤한 무화과와 사과 위에 보슬보슬 달달한 크럼블을 듬뿍 뿌려 섞어서 먹는 케이크입니다.
온 가족이 함께 모이는 날 간단하지만 특별한 케이크를 만들어 보세요.

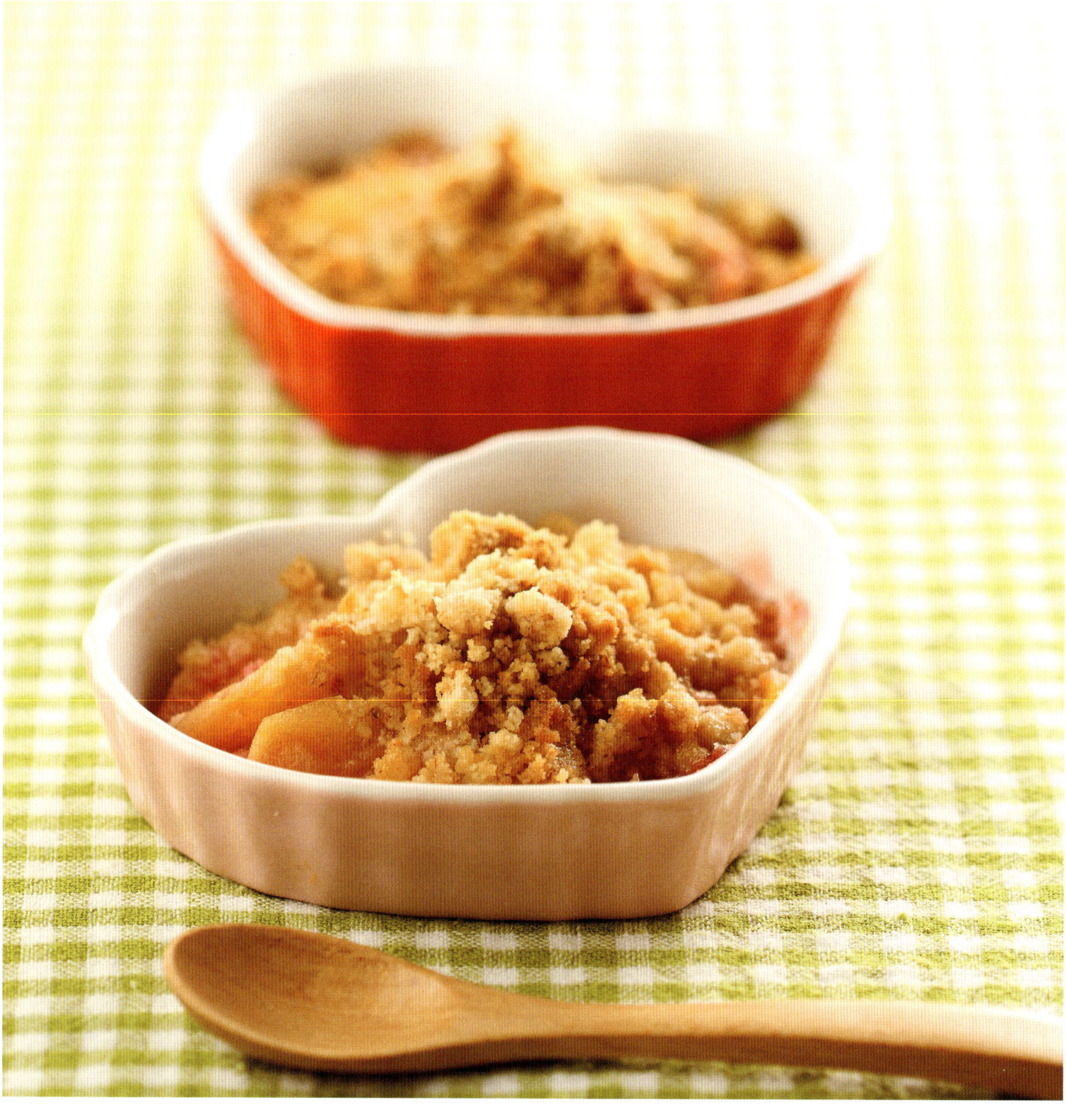

재료 | 3인분

사과 … 1개
사탕수수설탕 … 2큰술(20g)
무화과 … 3개

크럼블
아몬드가루 … 1/3컵(30g)
사탕수수설탕 … 3.5큰술(30g)
쌀가루 … 2큰술(15g)
유채씨유 … 2큰술(20g)

원포인트 쿠킹

부드럽게 불린 건포도나 건자두를 과일
위에 흩뿌려 만들어도 좋아요.

❶ 사과는 껍질을 벗기고 씨를 제
거한 다음 16등분으로 자른다.

❷ 냄비에 사과와 사탕수수설탕
을 넣고 섞은 다음 졸인다. 수
분이 없어지면 불에서 내린다.

❸ 무화과는 껍질을 벗기고 8등
분으로 자른다.

❹ 유채씨유 외 모든 재료를 볼에
넣고 가볍게 섞은 뒤 유채씨유
를 넣고 손바닥으로 비비듯 문
질러 보슬보슬하게 만든다.

❺ 내열접시에 ❷와 ❸을 번갈아
가면서 모양 좋게 넣고, ❹를
듬뿍 뿌린다.

❻ 160℃로 예열된 오븐에서 20
분 정도 구워낸다. 크럼블을
섞어가면서 먹는다.

망고 케이크

망고로 만든 스펀지 케이크 위에 보는 것만으로도 입안에 침이 고이는 노란 망고 쥬레를 토핑한
케이크입니다. 홍차와 함께 즐거운 티타임을 가져보세요.

재료 | 21×8.5cm 사각형

스펀지 반죽

망고 … 130g

쌀가루 … 3/4컵(75g)

아몬드가루 … 3/5컵(50g)

사탕수수설탕 … 2큰술(20g)

유채씨유 … 3큰술(30g)

물 … 1/2작은술(2g)

중조 … 1/3작은술(2g)

레몬과즙 … 1/2작은술(2g)

쥬레

망고(껍질 깐 것)… 100g

사탕수수설탕 …1큰술(9g)

가루한천 … 1/2작은술(1g)

토핑

망고 … 50g

원포인트 쿠킹 -----

토핑용 망고는 얇게 슬라이스해서 늘어
놓아도 근사해요.

❶ 볼에 쌀가루, 아몬드가루, 사
탕수수설탕을 넣고 고무주걱
으로 가볍게 섞어 스펀지 반죽
을 만든다.

❷ ❶에 망고를 넣고 매셔로 으깨
면서 가루와 함께 반죽한다.

❸ 망고가 전부 으깨지면 유채씨
유, 물에 푼 중조에 레몬과즙
섞은 것을 넣고 고무주걱으로
전체를 꼼꼼하게 반죽한다.

❹ 쿠킹시트를 깐 오븐 팬 위에
틀을 놓고 ❸을 부어 표면을
고른다. 170℃로 예열된 오븐
에서 15분 정도 구워낸다.

❺ 쥬레 재료를 모두 냄비에 넣
고 매셔로 망고를 으깨면서
한소끔 끓인 다음 불을 끄고
식힌다.

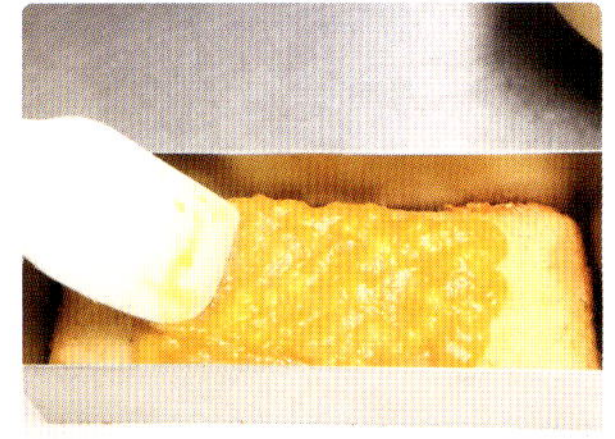

❻ ❹의 스펀지 케이크 위에 ❺를
붓는다. 토핑용 망고를 깍둑썰
기해서 뿌린 뒤 식힌다. 굳으면
틀에서 빼내 자르고, 기호에 따
라 허브(분량 외)를 곁들인다.

Pear&Apricot Cake

서양배&살구 케이크

달고 수분이 많은 서양배로 만드는 케이크!. 글레이징(glazing)된 살구의 신맛이 서양배의 풍미를 더욱 좋게 만들어 줍니다. 동그랗게 구워내도 근사하답니다.

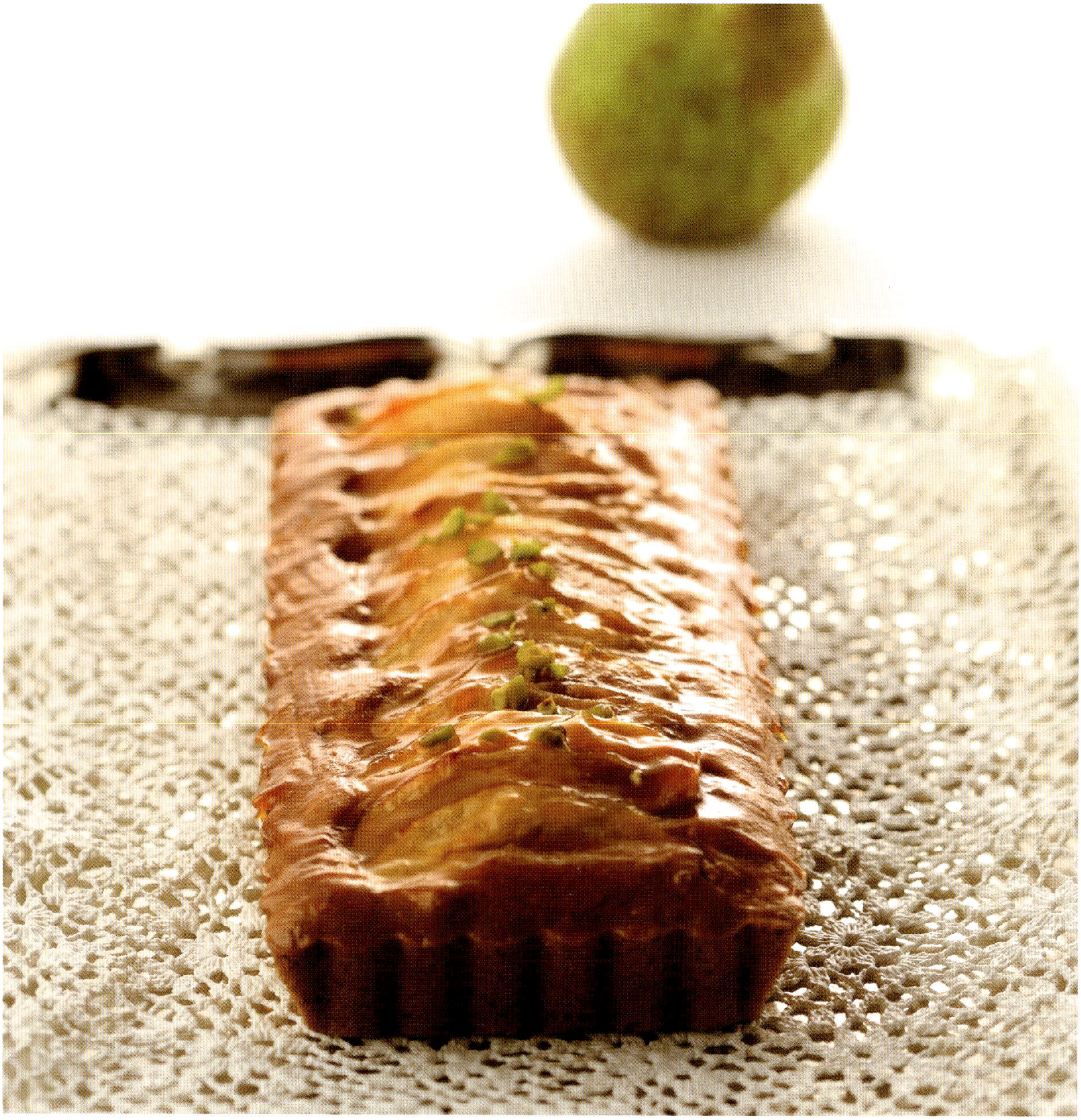

재료 | 10×24cm 타르트형

서양배 … 1개

반죽
쌀가루 … 1컵(100g)
아몬드가루 … 1컵(85g)
사탕수수설탕 … 1/2컵(70g)
중조 … 2/3작은술(4g)
물 … 1/2작은술(2g)
레몬과즙 … 1작은술(5g)
코코넛밀크 … 3/5컵(120g)
유채씨유 … 1큰술(10g)
건살구 … 5알

글레이징
살구 퓌레 … 50g
사탕수수설탕 … 3큰술(25g)

원포인트 쿠킹

서양배가 깔려 있는 부분이 가장 안 익으니까 잘 구워졌는지 확인할 때는 그 부분의 반죽을 체크하세요. 꼬치에 반죽이 묻어 나오면 좀 더 구워야 한답니다.

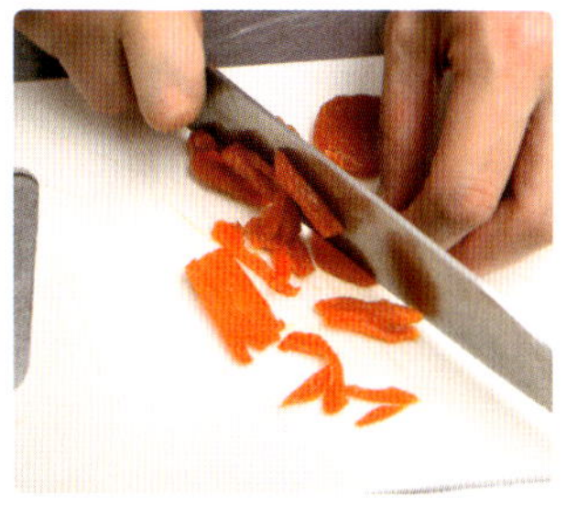

❶ 건살구는 따뜻한 물에 담가 불린 뒤 거칠게 다져 놓는다.

❷ 볼에 쌀가루, 아몬드가루, 사탕수수설탕을 넣고 가볍게 섞는다. 다른 볼에 중조를 물에 풀고 레몬과즙, 코코아밀크, 유채씨유를 차례로 넣어 섞은 다음 가루를 넣어 잘 반죽한다.

❸ ❷에 ❶을 넣어서 잘 섞은 다음, 유채씨유(분량 외)를 바른 틀에 붓는다.

❹ 서양배는 껍질을 벗기고 씨를 제거한 다음 얇게 자른다. ❸ 위에 보기 좋게 올리고 가볍게 누른다. 170℃로 예열된 오븐에서 30~40분 정도 구워낸다.

❺ 살구 퓌레, 사탕수수설탕을 냄비에 넣고 걸쭉해질 때까지 졸인다. ❹의 표면에 붓으로 발라서 윤기를 낸다(글레이징은 살구잼으로 대신해도 좋다).

❻ 기호에 따라 껍질을 벗긴 피스타치오(분량 외)를 다져 ❺ 위에 장식한다.

Fig Tart

무화과 타르트

꿀을 머금은 듯 촉촉하고 달콤한 생 무화과를 듬뿍 올린 고급스러운 타르트입니다.
무화과가 많이 나오는 가을이 되면 꼭 한 번 만들어 보세요.

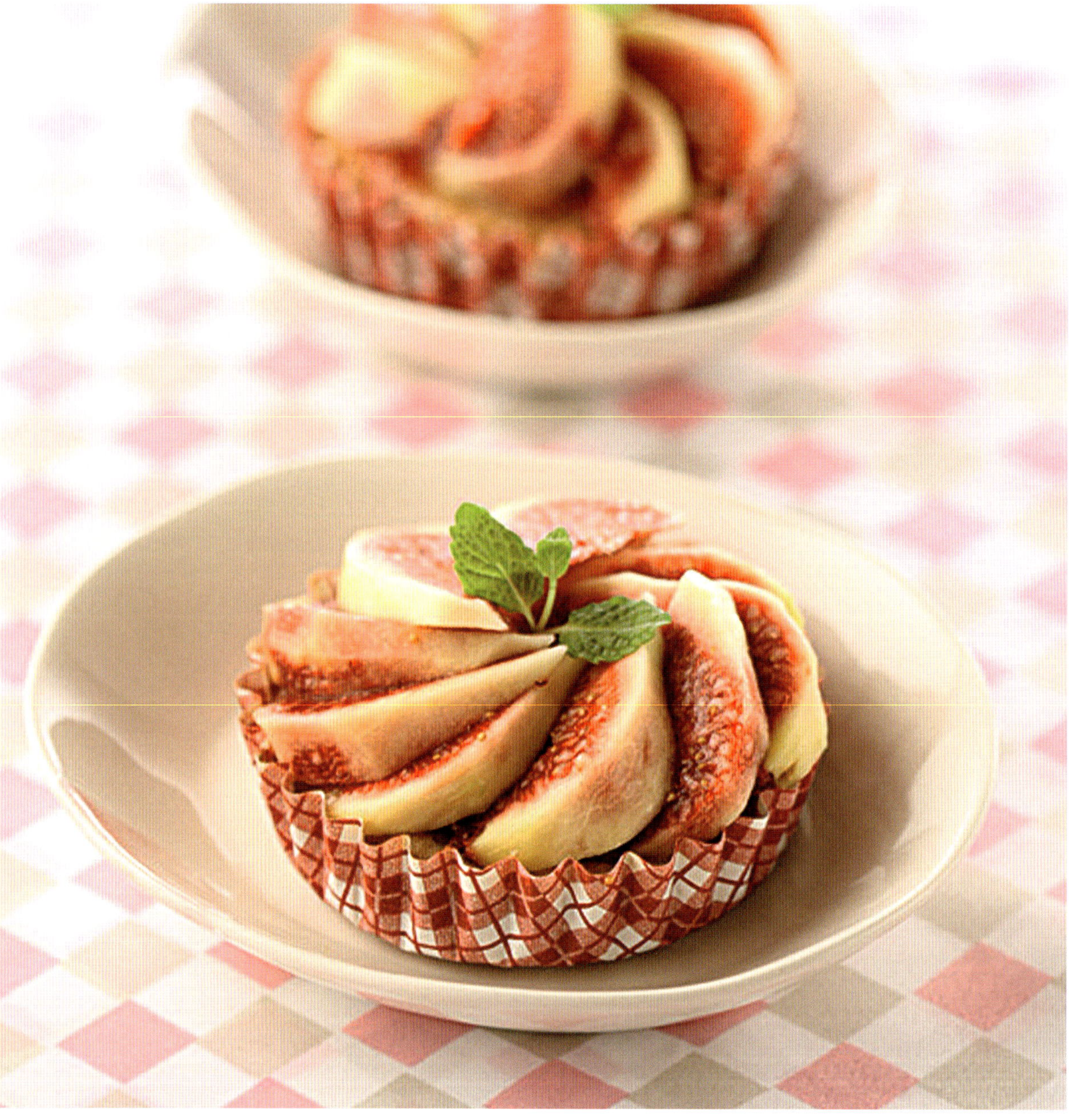

재료 | 미니 컵 5개분

반죽

무화과(구이용) ⋯ 2개
무화과(장식용) ⋯ 2개
쌀가루 ⋯ 2/3컵(65g)
아몬드가루 ⋯ 1/2컵(40g)
사탕수수설탕 ⋯ 4큰술(35g)
중조 ⋯ 1/3작은술(2g)
물 ⋯ 1/2작은술(2g)
레몬과즙 ⋯ 1/2작은술(2g)
코코넛밀크 ⋯ 60cc(60g)
유채씨유 ⋯ 1큰술(10g)

글레이징

무화과 ⋯ 2개
레몬과즙 ⋯ 1작은술(5g)
사탕수수설탕 ⋯1큰술(10g)

원포인트 쿠킹

구울 때는 무화과 밑부분의 반죽이 익
었는지 확인하세요. 글레이징은 잼으로
대신해도 OK!

❶ 볼에 쌀가루, 아몬드가루, 사
탕수수설탕을 넣고 가볍게 섞
는다.

❷ 다른 볼에 중조를 물에 풀고 레
몬과즙, 코코넛밀크, 유채씨유
를 차례로 넣고 섞는다. ❶을 넣
고 고무주걱으로 잘 반죽한다.

❸ 베이킹 컵에 반죽을 담고 표면
을 고른다. 무화과 껍질을 벗기
고 반달 모양으로 썰어서 반죽
위에 올리고 가볍게 누른다.

❹ 170℃로 예열된 오븐에서 20
분 정도 구워낸다.

❺ 글레이징용 무화과의 껍질을
벗기고 거칠게 다진 다음 냄비
에 레몬과즙, 사탕수수설탕을
함께 넣고 섞어주면서 졸인다.
걸쭉해지면 불을 끄고 식힌다.

❻ 다 구워지면 표면에 ❺를 바른
다. 완전히 식으면 껍질을 벗
긴 무화과를 보기 좋게 잘라서
장식하고, 붓으로 남은 글레이
징을 발라서 윤기를 낸다.

Orange Cake

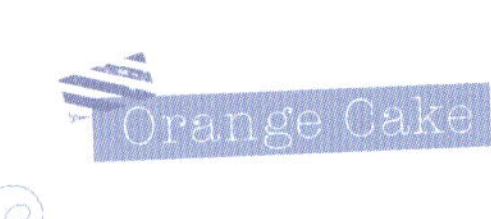

오렌지 케이크

오렌지의 껍질과 과육을 통째로 사용해서 만드는, 이름 그대로 오렌지 케이크!
살짝 우울한 날에는 상큼한 오렌지 케이크로 기분 전환을 하는 것도 좋겠네요~

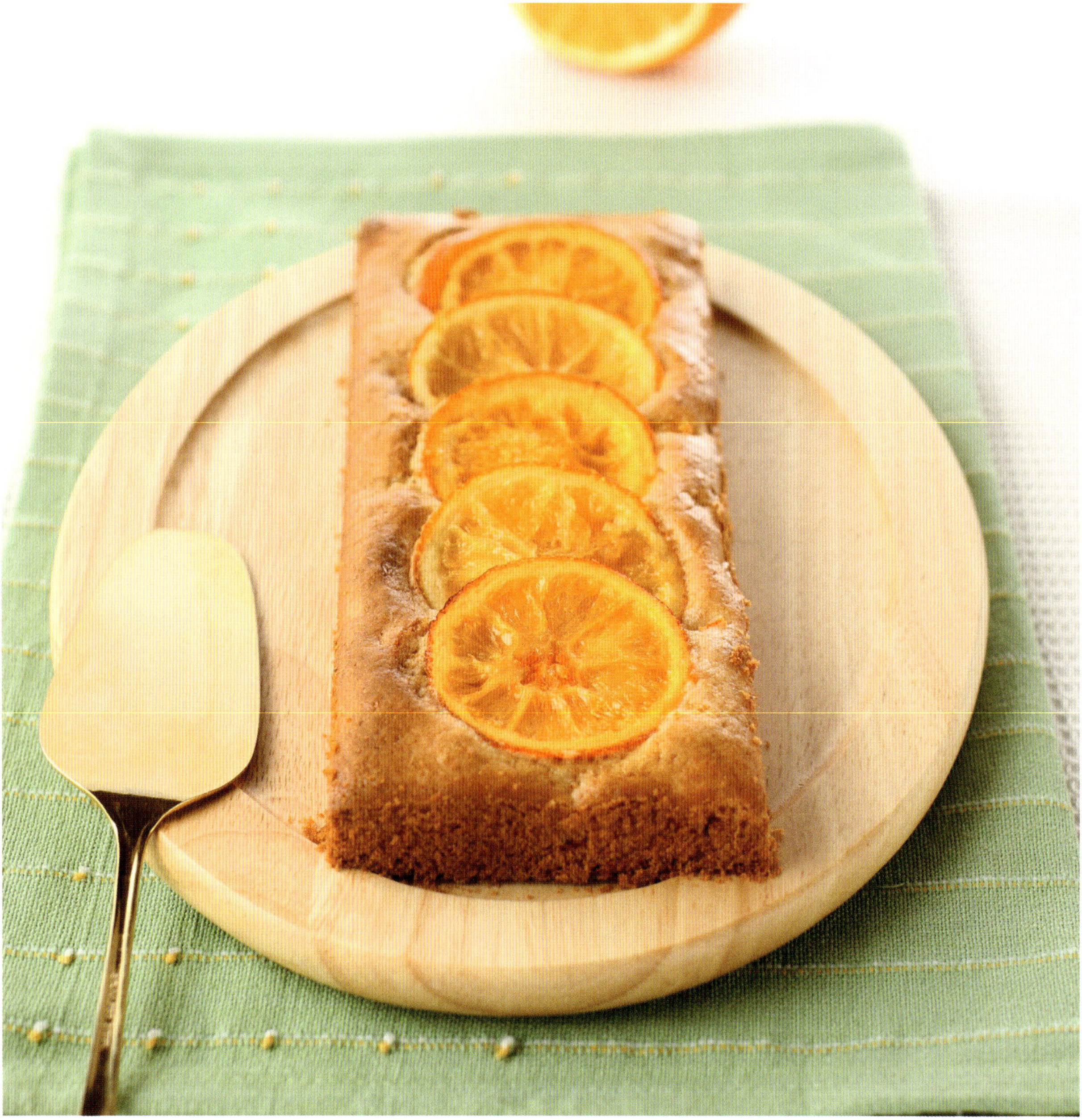

재료 | 21×8.5cm 사각형

반죽
쌀가루 … 1/2컵(50g)
아몬드가루 … 2/5컵(35g)
사탕수수설탕 … 4큰술(35g)
유채씨유 … 3큰술(30g)
오렌지과즙(100%주스도 가능) …
40cc(40g)
중조 … 1/4작은술(1.5g)
물 … 1/2작은술(2g)

오렌지시럽
오렌지 … 작은 것 1개
사탕수수설탕 … 3큰술(30g)
물 … 1/2컵(100cc)

원포인트 쿠킹

시럽은 오렌지 껍질이 물러질 때까지 물
을 조금씩 넣으면서 졸이면 좋아요. 굽
는 정도는 동그랗게 자른 오렌지의 밑
부분 반죽을 체크하세요. 알루미늄 포
일로 덮어서 구우면 표면이 타는 것을 예
방할 수 있어요.

❶ 오렌지는 5mm 두께로 동그랗게 썰어서 형태가 가지런한 5장을 골라내고 나머지는 다져 놓는다.

❷ 냄비에 사탕수수, 물, ❶을 전부 넣고 수분이 없어질 때까지 졸인다.

❸ 볼에 쌀가루, 아몬드가루, 사탕수수설탕을 넣고 거품기로 잘 섞는다.

❹ 반죽에 유채씨유, 오렌지과즙을 넣고 멍울이 생기지 않도록 잘 섞는다.

❺ ❷에 다져놓은 오렌지와 물에 푼 중조를 넣고 다시 한 번 골고루 반죽한다.

❻ 쿠킹시트를 깐 오븐 팬에 틀을 놓고 ❺를 붓는다. 표면을 고른 뒤 동그랗게 자른 오렌지를 올려 170℃로 예열된 오븐에서 15~20분 정도 구워낸다.

초콜릿 케이크

밀가루 없이도 근사한 크리스마스 케이크 완성! 바나나를 베이스로 만든 초콜릿크림은
오묘한 깊은 맛을 낸답니다. 컵케이크로 만들어 선물해도 좋아요.

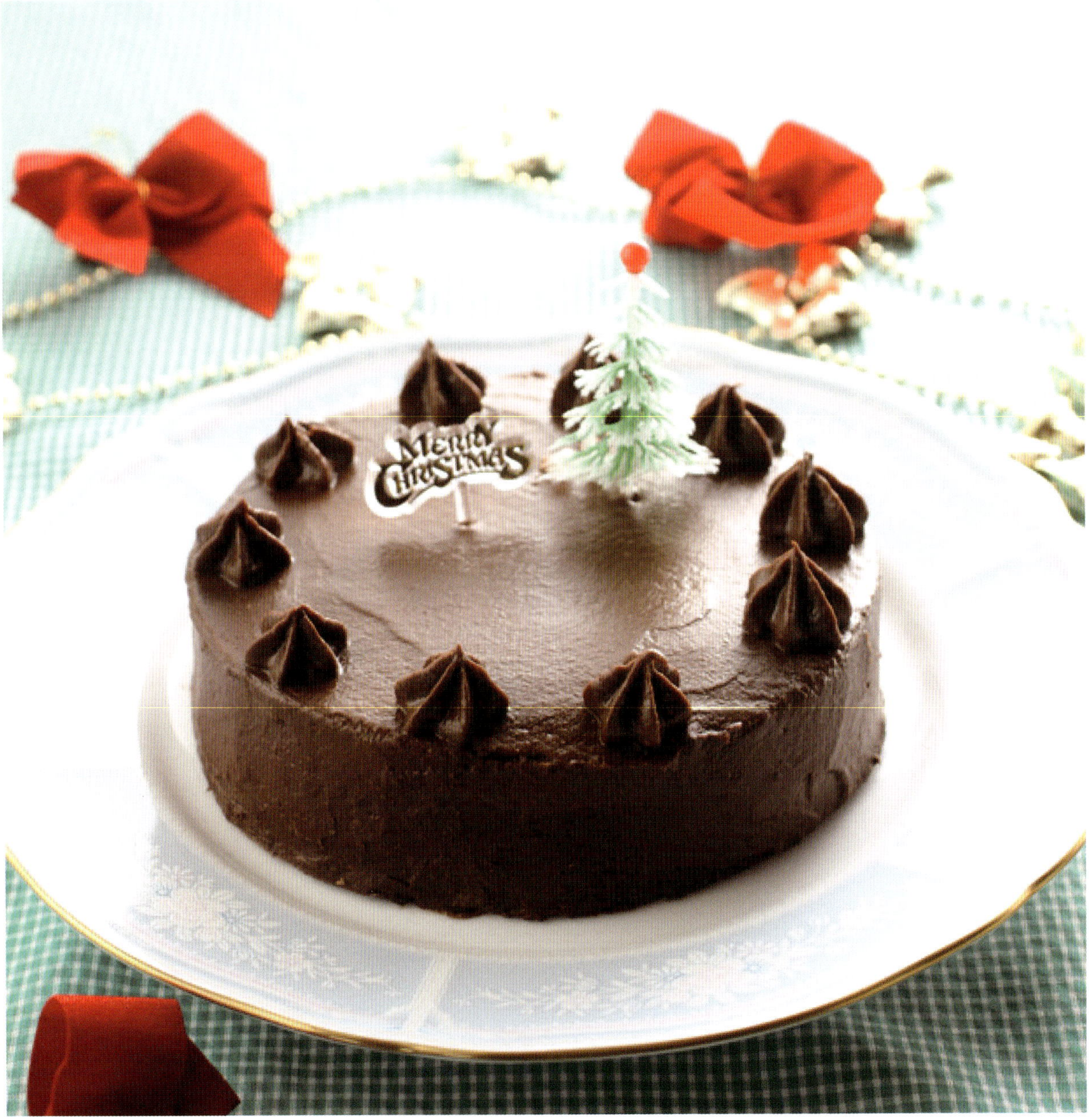

재료 | 직경 15cm 원형

스펀지 반죽
쌀가루 … 1컵(100g)
아몬드가루 … 3/5컵(50g)
녹말가루 … 1큰술(8g)
코코아가루 … 1.5큰술(10g)
사탕수수설탕 … 1/2컵(70g)
물 … 1/2작은술(2g)
중조 … 1/3작은술(2g)
레몬과즙 … 1/2작은술(2g)
유채씨유 … 4큰술(40g)
코코넛밀크 … 1/2컵(100g)

크림
바나나(껍질 깐 큰 것 4개) … 500g
코코아가루 …4큰술(25g)
쌀가루 … 1/2큰술(12g)

원포인트 쿠킹

크림에 쌀가루를 넣어주는 건 걸쭉하게 만들기 위해서랍니다. 무른 바나나를 사용할 경우에는 쌀가루의 양을 조금 늘려서 너무 묽지 않도록 조절하세요.

❶ 볼에 쌀가루, 아몬드가루, 녹말가루, 코코아가루, 사탕수수설탕을 넣고 가볍게 섞는다.

❷ 다른 볼에 중조를 물에 풀고 레몬과즙, 유채씨유, 코코넛밀크를 차례로 넣어 잘 섞는다. ❶을 넣고 잘 반죽한다.

❸ 쿠킹시트를 깐 오븐 팬 위에 틀을 올리고 ❷를 붓는다. 170℃로 예열된 오븐에서 20분 정도 구워낸다.

❹ 푸드 프로세서에 크림 재료를 모두 넣고 액체 상태가 될 때까지 간다.

❺ ❹를 냄비에 옮기고 냄비 바닥을 계속 저으면서 걸쭉해질 때까지 중간불로 끓인다. 불을 끄고 배트로 옮겨 식혀둔다.

❻ ❸을 틀에서 빼내 3장으로 자른다(1cm 두께. 나무젓가락을 양쪽에 놓고 그 위로 지나가듯 나이프를 움직이면 일정한 두께로 잘린다). 그중 2장을 사용한다.

❼ 스펀지 빵 1장을 놓고 그 위에 ❺의 크림을 바른다. 다른 1장의 스펀지 빵을 그 위에 얹고 가볍게 두드리면서 밀착시킨다.

❽ 윗면과 옆면에도 크림을 펴 바르고 원하는 디자인으로 장식한다.

오무오무 五感五感 착한 베이킹

초판 1쇄 인쇄 2015년 3월 3일
초판 1쇄 발행 2015년 3월 9일

지은이 오카무라 요시코
옮긴이 박진희
펴낸이 김난희
편집인 김갑수
구성 정수미 · 추소연

디자인 su:

펴낸곳 도어북
출판등록 2008년 4월 23일 제313-2009-170호
주소 121-210 서울시 마포구 서교동 484-19
전화 02-338-7273
팩스 02-338-7161

ⓒ 오카무라 요시코, 2009
ISBN 978-89-962997-3-8 13590

일원화 공급처 (주)북새통
주소 121-210 서울시 마포구 서교동 465-4 광림빌딩 2F
전화 02-338-0117
팩스 02-338-7160